特种作业人员安全技术培训系列教材

电工作业

（复训）

《特种作业人员安全技术培训系列教材》编委会　编写

中国环境出版社·北京

图书在版编目（CIP）数据

电工作业. 复训 /《特种作业人员安全技术培训系列教材》编委会编写. —北京：中国环境出版社，2013.1（2015.5 重印）
特种作业人员安全技术培训系列教材
ISBN 978-7-5111-1158-6

Ⅰ. ①电…　Ⅱ. ①特…　Ⅲ. ①电工—安全技术—技术培训—教材　Ⅳ. ①TM08

中国版本图书馆 CIP 数据核字（2012）第 232558 号

出 版 人　王新程
责任编辑　丁莞歆
责任校对　唐丽虹
封面设计　金　喆

出版发行　中国环境出版社
（100062　北京市东城区广渠门内大街 16 号）
网　　址：http://www.cesp.com.cn
电子邮箱：bjgl@cesp.com.cn
联系电话：010-67112765（编辑管理部）
010-67175507（科技标准图书出版中心）
发行热线：010-67125803，010-67113405（传真）
印　　刷　北京市联华印刷厂
经　　销　各地新华书店
版　　次　2013 年 1 月第 1 版
印　　次　2015 年 5 月第 3 次印刷
开　　本　787×1092　1/16
印　　张　8.25
字　　数　190 千字
定　　价　15.00 元

《特种作业人员安全技术培训系列教材》
编 委 会

《电工作业（复训）》

编　写：叶智明　叶志强

总　序

安全生产是指在组织生产经营活动的过程中，为避免造成人员伤害和财产损失而相应采取的事故预防和控制措施的相关活动，是我国的一项重要政策，也是社会、企业管理的重要内容之一。

安全生产关系到人民群众的生命财产安全，关系到改革发展和社会稳定大局，也越来越受到各级领导的重视。《国务院安委会关于进一步加强安全培训工作的决定》（安委[2012]10号）强调指出，加强安全培训工作，是落实党的十八大精神，深入贯彻科学发展观，实施安全发展战略的内在要求；是强化企业安全生产基础建设，提高企业安全管理水平和从业人员安全素质，提升安全监管监察效能的重要途径；是防止"三违"行为，不断降低事故总量，遏制重特大事故发生的源头性、根本性举措。

为了进一步加强安全教育培训，我们特面向广大特种作业人员推出一套《特种作业人员安全技术培训系列教材》，以帮助相关从业人员提高安全生产的意识，增加安全生产的知识，消灭安全事故的苗头，减少安全事故的发生。

本套教材针对不同对象，结合特种作业行业领域的安全生产实际和职业特点，紧密结合教学大纲，全面介绍了各工种相关的法律法规、安全知识与技能和管理经验，又结合各类安全生产事故的典型案例进行案例分析，突出了通俗易懂、实用性高、易掌握的特点，可供特种行业从业人员作为培训教材，也可作为相关工作人员参考用书。

前　言

特种作业人员是指在生产经营活动中，从事容易发生事故，对操作者本人、他人的安全健康及设备、设施的安全可能造成重大危害作业的从业人员。《安全生产法》第二十三条规定："生产经营单位的特种作业人员必须按照国家有关规定经专门的安全作业培训，取得特种作业操作资格证书，方可上岗作业。"《特种作业人员安全技术培训考核管理规定》（安全监管总局第 30 号令）第五条规定："特种作业人员必须经专门的安全技术培训并考核合格，取得《中华人民共和国特种作业操作证》（以下简称特种作业操作证）后，方可上岗作业。"

随着安全生产的深入发展，新技术、新工艺、新装备不断涌现，安全技术工作也越来越需要进一步加强，为了适应安全发展的新形势、新要求，《特种作业人员安全技术培训考核管理规定》规定：特种作业人员取得特种作业操作证后，每 3 年需要进行 1 次继续教育（复审），便于及时对特种作业人员进行知识更新。

根据《特种作业人员安全技术培训考核管理规定》中的要求，结合现行国家标准、行业标准，从实际应用出发，我们组织编写了《电工作业（复训）》教材。其内容包括六个部分：安全生产法律法规知识、电工安全的基础知识、防止触电的技术措施、电气作业的安全措施、电气设备的安全、触电事故案例分析。

教材严格按照电工作业（复训）教学大纲要求进行编写，重点突出特种作业人员复训特点；其内容深入浅出，语言通俗易懂，以适应不同文化层次的学员学习，教材的实用性、针对性和可操作性强。

本系列教材由重庆市安全生产监督管理局安全技术培训考试中心组织编写，本书由重庆市知明职业培训学校叶智明、叶志强编写。

本教材在编写中参考了大量文献，在此，我们对原著作者表示衷心的感谢。由于编者时间和水平所限，书中难免存在错误和不足之处，敬请广大读者在学习和使用中批评指正。

编　者

2013 年 1 月

前言

[illegible]

2013年1月

目 录

第一章
安全生产法律法规知识

安全生产是人类社会活动的最基本要求，不仅因为它关系到人的生命财产安全、家庭的幸福安康，也关系到产业的健康发展乃至社会的和谐稳定。安全生产活动有关的法律法规制度就是规范从事生产经营活动的法律、法规和规章的结合，涵盖了生产经营活动的全过程，及各个生产经营活动的主要内容，这些与生产经营活动相关的法律法规既是参与生产经营活动的行为准则，也是维护自身的合法权益，以获得最大经济利益和社会效益的有力武器。特种作业人员应在工作中严格按照规范要求操作，并主动制止违法、违章行为，这无论对企业、他人还是其自身，都是非常重要的。

第一节　安全生产的相关法律法规

“安全第一，预防为主”是我国安全生产的基本方针。为确保此方针的实施，我国颁布了以《中华人民共和国安全生产法》为代表的一系列法律法规，形成了相关的安全生产法律制度。

一、《中华人民共和国安全生产法》有关知识

《中华人民共和国安全生产法》（以下简称《安全生产法》）由中华人民共和国第九届全国人民代表大会常务委员会第二十八次会议于2002年6月29日通过，自2002年11月1日起施行。

《安全生产法》是我国第一部关于安全生产的专门法律，其立法目的在于加强安全生产监督管理，防止和减少生产安全事故，保障人民群众生命和财产安全，促进经济发展，它适用于各个行业的生产经营活动。

《安全生产法》包括7章，共99条。对生产经营单位的安全生产保障、从业人员的权利和义务、安全生产的监督管理、生产安全事故的应急救援与调查处理4个主要方面作出了规定。《安全生产法》的根本宗旨是保护从业人员在生产经营活动中应享有的保证生命安全和身心健康的权利。

（一）从业人员的安全生产权利

根据《安全生产法》，从业人员有5项权利：

1．知情、建议权

《安全生产法》第四十五条规定：“生产经营单位的从业人员有权了解其作业场所和

工作岗位存在的危险因素、防范措施及事故应急措施，有权对本单位的安全生产工作提出建议。”

与此相对应，责任方有完整、如实告知的义务，不得隐瞒和欺骗。同时对安全生产方面的合理建议有接受和改进的义务。

2．批评、检举、控告权

《安全生产法》第四十六条规定：从业人员有权对本单位安全生产工作中存在的问题提出批评、检举、控告。生产经营单位不得因从业人员对本单位安全生产工作提出批评、检举、控告而降低其工资、福利等待遇或者解除与其订立的劳动合同。

3．合法拒绝权

《安全生产法》第四十六条规定：从业人员有权拒绝违章指挥和强令冒险作业。生产经营单位不得因从业人员拒绝违章指挥、强令冒险作业而降低其工资、福利等待遇或者解除与其订立的劳动合同。

4．紧急避险权

《安全生产法》第四十七条规定：“从业人员发现直接危及人身安全的紧急情况时，有权停止作业或者在采取可能的应急措施后撤离作业场所。生产经营单位不得因从业人员在前款紧急情况下停止作业或者采取紧急撤离措施而降低其工资、福利等待遇或者解除与其订立的劳动合同。”

5．请求赔偿权

《安全生产法》第四十八条规定：“因生产安全事故受到损害的从业人员，除依法享有工伤社会保险外，依照有关民事法律尚有获得赔偿的权利的，有权向本单位提出赔偿要求。”

（二）从业人员的安全生产义务

法制的基本特征之一是权利和义务应该对等。因此从业人员在享有上述权利的同时，还应该依法履行下列义务：

1．遵章作业的义务

在生产实践中总结出来的各种安全生产规章制度和操作规程，是保证工人安全的法宝。因此，《安全生产法》第四十九条规定：“从业人员在作业过程中，应当严格遵守本单位的安全生产规章制度和操作规程，服从管理……”

2．佩戴和使用劳动防护用品的义务

劳动防护用品虽然会给生产活动带来某种不便，但却是保护操作者免受伤害的直接屏障。因此，《安全生产法》第四十九条规定：“从业人员在生产过程中，应当正确佩戴和使用劳动防护用品。”

3．接受安全生产教育培训的义务

无知是安全生产的第一杀手，要安全就要知道如何才能保证安全。因此，《安全生产法》第五十条规定：“从业人员应当接受安全生产教育和培训，掌握本职工作所需的安全生产知识，提高安全生产技能，增强事故预防和应急处理能力。”

4．安全隐患报告义务

《安全生产法》第五十条规定：“从业人员发现事故隐患或者其他不安全因素，应当立即向现场安全生产管理人员或者本单位负责人报告；接到报告的人员应当及时予以处理。”

二、《中华人民共和国消防法》有关知识

《中华人民共和国消防法》（以下简称《消防法》）（1998 年 4 月 29 日第九届全国人民代表大会常务委员会第二次会议通过，2008 年 10 月 28 日第十一届全国人民代表大会常务委员会第五次会议修订）。本法自 2009 年 5 月 1 日起施行。

《消防法》的根本宗旨是为了预防火灾和减少火灾危害，加强应急救援工作，保护人身、财产安全，维护公共安全。

消防工作贯彻“预防为主、防消结合”的方针，按照政府统一领导、部门依法监管、单位全面负责、公民积极参与的原则，实行消防安全责任制，建立健全社会化的消防工作网络。

（一）消防安全管理

《消防法》第十八条规定：“同一建筑物由两个以上单位管理或者使用的，应当明确各方的消防安全责任，并确定责任人对共用的疏散通道、安全出口、建筑消防设施和消防车通道进行统一管理。”

“住宅区的物业服务企业应当对管理区域内的共用消防设施进行维护管理，提供消防安全防范服务。”

《消防法》第十九条规定：“生产、储存、经营易燃易爆危险品的场所不得与居住场所设置在同一建筑物内，并应当与居住场所保持安全距离。”

“生产、储存、经营其他物品的场所与居住场所设置在同一建筑物内的，应当符合国家工程建设消防技术标准。”

《消防法》第二十一条规定：“禁止在具有火灾、爆炸危险的场所吸烟、使用明火。因施工等特殊情况需要使用明火作业的，应当按照规定事先办理审批手续，采取相应的消防安全措施；作业人员应当遵守消防安全规定。”

“进行电焊、气焊等具有火灾危险作业的人员和自动消防系统的操作人员，必须持证上岗，并遵守消防安全操作规程。”

（二）建设工程的消防安全

《消防法》第二十六条规定：“建筑构件、建筑材料和室内装修、装饰材料的防火性能必须符合国家标准；没有国家标准的，必须符合行业标准。”

“人员密集场所室内装修、装饰，应当按照消防技术标准的要求，使用不燃、难燃材料。”

（三）公众聚集场所和大型群众性活动的消防安全

《消防法》第十五条规定：“公众聚集场所在投入使用、营业前，建设单位或者使用单位应当向场所所在地的县级以上地方人民政府公安机关消防机构申请消防安全检查。未经消防安全检查或者经检查不符合消防安全要求的，不得投入使用、营业。”

《消防法》第二十条规定："举办大型群众性活动，承办人应当依法向公安机关申请安全许可，制定灭火和应急疏散预案并组织演练，明确消防安全责任分工，确定消防安全管理人员，保持消防设施和消防器材配置齐全、完好有效，保证疏散通道、安全出口、疏散指示标志、应急照明和消防车通道符合消防技术标准和管理规定。"

（四）消防产品和电器产品、燃气用具的安全管理

《消防法》第二十四条规定："消防产品必须符合国家标准；没有国家标准的，必须符合行业标准。禁止生产、销售或者使用不合格的消防产品以及国家明令淘汰的消防产品。"

《消防法》第二十七条规定："电器产品、燃气用具的产品标准，应当符合消防安全的要求。电器产品、燃气用具的安装、使用及其线路、管路的设计、敷设、维护保养、检测，必须符合消防技术标准和管理规定。"

《消防法》第二十八条规定："任何单位、个人不得损坏、挪用或者擅自拆除、停用消防设施、器材，不得埋压、圈占、遮挡消火栓或者占用防火间距，不得占用、堵塞、封闭疏散通道、安全出口、消防车通道。人员密集场所的门窗不得设置影响逃生和灭火救援的障碍物。"

三、《中华人民共和国劳动法》有关知识

《中华人民共和国劳动法》（以下简称《劳动法》）由中华人民共和国第八届全国人民代表大会常务委员会第八次会议于 1994 年 7 月 5 日通过，自 1995 年 7 月 5 日起施行。

《劳动法》的根本宗旨是为了保护劳动者的合法权益，调整劳动关系，建立和维护适应社会主义市场经济的劳动关系，促进经济发展和社会进步。

（一）劳动者的权利

1．劳动者的权利

《劳动法》第三条规定："劳动者享有平等就业和选择职业的权利、取得劳动报酬的权利、休息休假的权利、获得劳动安全卫生保护的权利、接受职业技能培训的权利、享受社会保险和福利的权利、提请劳动争议处理的权利以及法律规定的其他劳动权利。"

2．批评、检举、控告权

《劳动法》第五十六条规定："劳动者对用人单位管理人员违章指挥、强令冒险作业，有权拒绝执行；对危害生命安全和身体健康的行为，有权提出批评、检举和控告。"

（二）劳动者的义务

1．完成劳动任务的义务

《劳动法》第三条规定："劳动者应当完成劳动任务，提高职业技能，执行劳动安全卫生规程，遵守劳动纪律和职业道德。"《劳动法》第五十七条还规定："劳动者在劳动过程中必须严格遵守安全操作规程。"

2．接受教育培训的义务

《劳动法》第五十五条规定："从事特种作业的劳动者，必须经过专门培训并取得特种

作业资格。”

同时，《安全生产法》第二十三条规定：“生产经营单位的特种作业人员必须按照国家有关规定经专门的安全作业培训，取得特种作业操作资格证书，方可上岗作业。”

将两法的条款统一起来理解，就是特种作业人员必须取得两种资格证才能上岗。一种是特种作业资格证（即职业资格证），另一种是特种作业操作资格证（即特种作业操作证）。两证缺一即视为违法上岗或违法用工。

（三）劳动安全卫生的规定

《劳动法》第五十二条规定：“用人单位必须建立、健全劳动卫生制度，严格执行国家劳动安全卫生规程和标准，对劳动者进行劳动安全卫生教育，防止劳动过程中的事故，减少职业危害。”

《劳动法》第五十三条规定：“劳动安全卫生设施必须符合国家规定的标准。新建、改建、扩建工程的劳动安全卫生设施必须与主体工程同时设计、同时施工、同时投入生产和使用。”

《劳动法》第五十四条规定：“用人单位必须为劳动者提供符合国家规定的劳动安全卫生条件和必要的劳动防护用品。对从事有职业危害作业的劳动者，应当定期进行健康检查。”

（四）女职工和未成年工特殊保护

女职工和未成年人由于生理等原因不适宜从事某些危险性较大或者劳动强度较大的劳动，属于弱势群体，应当在劳动就业上给予特殊的保护。未成年工是指年满 16 周岁未满 18 周岁的劳动者。《劳动法》对女职工和未成年工专门作出了特殊保护的规定。

1．女职工保护

《劳动法》第五十九条规定：“禁止安排女职工从事矿山井下、国家规定的第四级体力劳动强度的劳动和其他禁忌从事的劳动。”

《劳动法》第六十条规定：“不得安排女职工在经期从事高处、低温、冷水作业和国家规定的第三级体力劳动强度的劳动。”

《劳动法》第六十一条规定：“不得安排女职工在怀孕期间从事国家规定的第三级体力劳动强度的劳动和孕期禁忌从事的劳动。对怀孕 7 个月以上的女职工，不得安排其延长工作时间和夜班劳动。”

《劳动法》第六十二条规定：“女职工生育享受不少于 90 天的产假。”

《劳动法》第六十三条规定：“不得安排女职工在哺乳未满 1 周岁的婴儿期间从事国家规定的第三级体力劳动强度的劳动和哺乳期禁忌从事的其他劳动，不得安排其延长工作时间和夜班劳动。”

2．未成年工保护

《劳动法》第六十四条规定：“不得安排未成年工从事矿山井下、有毒有害、国家规定的第四级体力劳动强度的劳动和其他禁忌从事的劳动。”

《劳动法》第六十五条规定：“用人单位应当对未成年工定期进行健康检查。”

四、《中华人民共和国劳动合同法》有关知识

《中华人民共和国劳动合同法》（以下简称《劳动合同法》）由中华人民共和国第十届全国人民代表大会常务委员会第二十八次会议于2007年6月29日通过，自2008年1月1日起施行。

《劳动合同法》是在《劳动法》的基础上对劳动合同的订立、履行、终止等作出了更为详尽的规定，它是一部关系广大劳动者劳动权益的重要法律。《劳动合同法》的立法目的是为完善劳动合同制度，明确劳动合同双方当事人的权利和义务，保护劳动者的合法权益，构建和发展和谐稳定的劳动关系。

（一）劳动合同的建立与内容

1．劳动合同的订立

《劳动合同法》第七条规定："用人单位自用工之日起即与劳动者建立劳动关系。用人单位应当建立职工名册备查。"

《劳动合同法》第八条规定："用人单位招用劳动者时，应当如实告知劳动者工作内容、工作条件、工作地点、职业危害、安全生产状况、劳动报酬，以及劳动者要求了解的其他情况。"

2．劳动合同的内容

《劳动合同法》第十七条规定，劳动合同应当具备以下条款：

①用人单位的名称、住所和法定代表人或者主要负责人；

②劳动者的姓名、住址和居民身份证或者其他有效身份证件号码；

③劳动合同期限；

④工作内容和工作地点；

⑤工作时间和休息休假；

⑥劳动报酬；

⑦社会保险；

⑧劳动保护、劳动条件和职业危害防护；

⑨法律、法规规定应当纳入劳动合同的其他事项。

劳动合同除前款规定的必备条款外，用人单位与劳动者可以约定试用期、培训、保守秘密、补充保险和福利待遇等其他事项。

（二）劳动者的权利与义务

1．批评、检举和控告权

《劳动合同法》第三十二条规定："劳动者拒绝用人单位管理人员违章指挥、强令冒险作业的，不视为违反劳动合同。劳动者对危害生命安全和身体健康的劳动条件，有权对用人单位提出批评、检举和控告"。

2．劳动合同解除权

《劳动合同法》第三十八条规定，用人单位有下列情形之一的，劳动者可以解除劳动合同：

①未按照劳动合同约定提供劳动保护或者劳动条件的；

②未及时足额支付劳动报酬的；

③未依法为劳动者缴纳社会保险费的；

④用人单位的规章制度违反法律、法规的规定，损害劳动者权益的；

⑤因本法第二十六条第一款规定的情形致使劳动合同无效的；

⑥法律、行政法规规定劳动者可以解除劳动合同的其他情形。

用人单位以暴力、威胁或者非法限制人身自由的手段强迫劳动者劳动的，或者用人单位违章指挥、强令冒险作业危及劳动者人身安全的，劳动者可以立即解除劳动合同，不需事先告知用人单位。

3．获得经济补偿权

《劳动合同法》第四十六条规定，有下列情形之一的，用人单位应当向劳动者支付经济补偿：

①劳动者依照本法第三十八条规定解除劳动合同的；

②用人单位依照本法第三十六条规定向劳动者提出解除劳动合同并与劳动者协商一致解除劳动合同的；

③用人单位依照本法第四十条规定解除劳动合同的；

④用人单位依照本法第四十一条第一款规定解除劳动合同的；

⑤除用人单位维持或者提高劳动合同约定条件续订劳动合同，劳动者不同意续订的情形外，依照本法第四十四条第一项规定终止固定期限劳动合同的；

⑥依照本法第四十四条第四项、第五项规定终止劳动合同的；

⑦法律、行政法规规定的其他情形。

4．劳动者的义务

《劳动合同法》第八条规定：用人单位有权了解劳动者与劳动合同直接相关的基本情况，劳动者应当如实说明。

五、《工伤保险条例》有关知识

2003 年 4 月 27 日国务院令第 375 号公布《工伤保险条例》，自 2004 年 1 月 1 日起施行。2010 年 12 月 20 日，国务院令第 586 号对《工伤保险条例》进行了修改，自 2011 年 1 月 1 日起施行。

《工伤保险条例》是为了保障因工作遭受事故伤害或者患职业病的职工获得医疗救治和经济补偿，促进工伤预防和职业康复，分散用人单位的工伤风险。其主要目的是保护职工（劳动者）的合法利益。它为加强安全生产工作，预防和减少生产安全事故，实现社会稳定，具有积极的作用。

（一）工伤保险的适用范围

《工伤保险条例》第二条规定，中华人民共和国境内的企业、事业单位、社会团体、民办非企业单位、基金会、律师事务所、会计师事务所等组织和有雇工的个体工商户（以下称用人单位）应当依照本条例规定参加工伤保险，为本单位全部职工或者雇工（以下称职工）缴纳工伤保险费。中华人民共和国境内的企业、事业单位、社会团体、民办非企业单位、基金会、律师事务所、会计师事务所等组织的职工和个体工商户的雇工，均有依照本条例的规定享受工伤保险待遇的权利。

《工伤保险条例》第六十六条规定，无营业执照或者未经依法登记、备案的单位以及被依法吊销营业执照或者撤销登记、备案的单位的职工受到事故伤害或者患职业病的，由该单位向伤残职工或者死亡职工的近亲属给予一次性赔偿，赔偿标准不得低于本条例规定的工伤保险待遇；用人单位不得使用童工，用人单位使用童工造成童工伤残、死亡的，由该单位向童工或者童工的近亲属给予一次性赔偿，赔偿标准不得低于本条例规定的工伤保险待遇。具体办法由国务院社会保险行政部门规定。

前款规定的伤残职工或者死亡职工的近亲属就赔偿数额与单位发生争议的，以及前款规定的童工或者童工的近亲属就赔偿数额与单位发生争议的，按照处理劳动争议的有关规定处理。

（二）工伤保险费的缴纳

《工伤保险条例》第十条规定："用人单位应当按时缴纳工伤保险费。职工个人不缴纳工伤保险费。"

（三）工伤的认定

《工伤保险条例》第十四条规定，职工有下列情形之一的，应当认定为工伤：

①在工作时间和工作场所内，因工作原因受到事故伤害的；

②工作时间前后在工作场所内，从事与工作有关的预备性或者收尾性工作受到事故伤害的；

③在工作时间和工作场所内，因履行工作职责受到暴力等意外伤害的；

④患职业病的；

⑤因工外出期间，由于工作原因受到伤害或者发生事故下落不明的；

⑥在上下班途中，受到非本人主要责任的交通事故或者城市轨道交通、客运轮渡、火车事故伤害的；

⑦法律、行政法规规定应当认定为工伤的其他情形。

《工伤保险条例》第十五条规定，职工有下列情形之一的，视同工伤：

①在工作时间和工作岗位，突发疾病死亡或者在48小时之内经抢救无效死亡的；

②在抢险救灾等维护国家利益、公共利益活动中受到伤害的；

③职工原在军队服役，因战、因公负伤致残，已取得革命伤残军人证，到用人单位后旧伤复发的。

职工有前款第①项、第②项情形的，按照本条例的有关规定享受工伤保险待遇；职工有前款第③项情形的，按照本条例的有关规定享受除一次性伤残补助金以外的工伤保险待遇。

六、《特种作业人员安全技术培训考核管理规定》有关知识

2010年5月24日国家安全生产监督管理总局公布了《特种作业人员安全技术培训考核管理规定》（总局令第30号），自2010年7月1日起施行。1999年7月12日原国家经

济贸易委员会发布的《特种作业人员安全技术培训考核管理办法》同时废止。

《特种作业人员安全技术培训考核管理规定》的根本宗旨是为了规范特种作业人员的安全技术培训考核工作，提高特种作业人员的安全技术水平，防止和减少伤亡事故，促进安全生产。

特种作业人员必须经专门的安全技术培训并考核合格，取得《中华人民共和国特种作业操作证》（以下简称特种作业操作证）后，方可上岗作业。

（一）特种作业人员安全技术培训要求

①特种作业人员应当符合下列条件：

一是年满 18 周岁，且不超过国家法定退休年龄；

二是经社区或者县级以上医疗机构体检健康合格，并无妨碍从事相应特种作业的器质性心脏病、癫痫病、美尼尔氏症、眩晕症、癔病、震颤麻痹症、精神病、痴呆症以及其他疾病和生理缺陷；

三是具有初中及以上文化程度；

四是具备必要的安全技术知识与技能；

五是相应特种作业规定的其他条件。

危险化学品特种作业人员除符合前款第一项、第二项、第四项和第五项规定的条件外，应当具备高中或者相当于高中及以上文化程度。

②特种作业人员的安全技术培训、考核、发证、复审工作实行统一监管、分级实施、教考分离的原则。

③从事特种作业人员安全技术培训的机构（以下统称培训机构），必须按照有关规定取得安全生产培训资质证书后，方可从事特种作业人员的安全技术培训。

④培训机构应当按照安全监管总局制定的特种作业人员培训大纲进行特种作业人员的安全技术培训。

（二）特种作业人员的考核发证

①参加特种作业操作资格考试的人员，应当填写考试申请表，由申请人或者申请人的用人单位持学历证明或者培训机构出具的培训证明向申请人户籍所在地或者从业所在地的考核发证机关或其委托的单位提出申请。

②特种作业操作资格考试包括安全技术理论考试和实际操作考试两部分。考试不及格的，允许补考 1 次。经补考仍不及格的，需重新参加相应的安全技术培训。

③符合特种作业人员培训条件的并经考试合格的特种作业人员，应当向其户籍所在地或者从业所在地的考核发证机关申请办理特种作业操作证，并提交身份证复印件、学历证书复印件、体检证明、考试合格证明等材料。

④特种作业操作证有效期为 6 年，在全国范围内有效。

特种作业操作证由安全监管总局统一式样、标准及编号。

⑤特种作业操作证遗失的，应当向原考核发证机关提出书面申请，经原考核发证机关审查同意后，予以补发。

特种作业操作证所记载的信息发生变化或者损毁的，应当向原考核发证机关提出书面申请，经原考核发证机关审查确认后，予以更换或者更新。

（三）特种作业操作证的复审

①特种作业操作证每3年复审1次。

②特种作业操作证申请复审或者延期复审前，特种作业人员应当参加必要的安全培训并考试合格。

③特种作业人员有下列情形之一的，复审或者延期复审不予通过：

一是健康体检不合格的；

二是违章操作造成严重后果或者有2次以上违章行为，并经查证确实的；

三是有安全生产违法行为，并给予行政处罚的；

四是拒绝、阻碍安全生产监管监察部门监督检查的；

五是未按规定参加安全培训，或者考试不合格的；

六是具有本规定第三十条、第三十一条规定情形的。

④特种作业操作证再复审、延期复审仍不合格，或者未按期复审的，特种作业操作证失效。

（四）特种作业操作证的管理

①有下列情形之一的，考核发证机关应当撤销特种作业操作证：

一是超过特种作业操作证有效期未延期复审的；

二是特种作业人员的身体条件已不适合继续从事特种作业的；

三是对发生生产安全事故负有责任的；

四是特种作业操作证记载虚假信息的；

五是以欺骗、贿赂等不正当手段取得特种作业操作证的。

特种作业人员违反前款第四项、第五项规定的，3年内不得再次申请特种作业操作证。

②有下列情形之一的，考核发证机关应当注销特种作业操作证：

一是特种作业人员死亡的；

二是特种作业人员提出注销申请的；

三是特种作业操作证被依法撤销的。

③生产经营单位应当加强对本单位特种作业人员的管理，建立健全特种作业人员培训、复审档案，做好申报、培训、考核、复审的组织工作和日常的检查工作。生产经营单位未建立健全特种作业人员档案的，给予警告，并处1万元以下的罚款。

④特种作业人员在劳动合同期满后变动工作单位的，原工作单位不得以任何理由扣押其特种作业操作证。

⑤生产经营单位使用未取得特种作业操作证的特种作业人员上岗作业的，责令限期改正；逾期未改正的，责令停产停业整顿，可以并处2万元以下的罚款。

⑥特种作业人员伪造、涂改特种作业操作证或者使用伪造的特种作业操作证的，给予警告，并处1 000元以上5 000元以下的罚款。

特种作业人员转借、转让、冒用特种作业操作证的，给予警告，并处2 000元以上10 000元以下的罚款。

第二节　电气安全有关的法律法规

随着社会的不断进步，电能已经成为人们生产生活中最基本和不可替代的能源。“电”日益影响着工业的自动化和社会的现代化。然而，当“电”在造福人类的同时，也潜藏着危险的另一面，如果使用者缺乏电气安全的知识，在生活和工作中就可能会发生人身伤亡和设备损坏并造成巨大的经济损失。因此，掌握安全用电知识技能，不仅是电气工作人员必须做到的，而且也是每个人应该做到的，只有这样电气系统才能正常地运行，我们才能在工作、生活中安全用电，让电为人类更好地服务。保证安全用电必须做到以下几个方面：

①自觉遵守执行电气安全法律法规；

②严格的电气安全管理制度；

③完美的电气作业安全措施；

④细致的电气安全操作规程；

⑤用电人员素质的培养及提高；

⑥确保电气设备、元件、材料产品质量；

⑦确保电气工程的设计质量和安装质量；

⑧加强防止自然灾害侵袭的能力及措施；

⑨全社会讲安全用电、普及安全用电技术。

一、电气安全法律法规

为了保证电气安全，我国已经制定了许多电气安全标准、规范、规程、规定等，作为一个电工，应该熟悉这些法规的主要内容，掌握与自己岗位有关的安全规定，并自觉地遵守这些规定。

我国制定的电气安全方面的法规主要有：

①《电气设备安全设计导则》（GB/T 25295—2010）；

②《民用建筑电气设计规范》（JGJ 16—2008）；

③《建筑照明设计标准》（GB 50034—2004）；

④《供配电系统设计规范》（GB 50052—2009）；

⑤《电能质量・电压允许波动和闪变》（GB/T 12326—2008）；

⑥《标准电压》（GB 156—2003）；

⑦《手持式电动工具的管理、使用、检查和维修安全技术规程》（GB/T 3787—2006）；

⑧《危险场所电气防爆安全规范》（AQ 3009—2007）；

⑨《电力安全工作规程》（发电厂和变电站电气部分）（GB 26860—2011）；

⑩《电气装置安装工程电气设备交接试验标准》（GB 50150—2006）；

⑪《建筑电气工程施工质量验收规范》（GB 50303—2002）；

⑫《漏电电流动作保护器》（GB 6829—86）；

⑬《电力工程电缆设计规范》（GB 50217—2007）；

⑭《建筑物防雷设计规范》（GB 50057—2010）；

⑮《施工现场临时用电安全技术规范》（JGJ 46—2005）；

⑯《高层民用建筑防火设计规范》（GB 50045—95）；

⑰《建筑灭火器配置设计规范》（GB 50140—2005）；

⑱《低压配电设计规范》（GB 50054—2011）。

二、电气安全管理规定制度

健全电气安全规章制度，自觉地遵守电气安全规程，杜绝违章指挥、违章作业的现象是保证电气安全，防止触电事故的重要环节。

各单位制定的电气安全规章制度应包括下面的内容：

①电气工作安全规程；

②电气工作技术规程；

③电气设备运行、操作规程；

④电气工作岗位责任制；

⑤电气设备巡视检查制度；

⑥电气设备维护、检修、交接试验制度；

⑦电气工程竣工验收制度；

⑧电气设备缺陷管理制度；

⑨电工作业人员培训、考核管理制度；

⑩变配电所管理制度和电气调度制度；

⑪临时用电管理制度；

⑫安全用具管理制度；

⑬手持式电动工具、日用电器、移动式电气设备管理制度；

⑭火灾、爆炸危险场所电气安全管理制度；

⑮电气安全检查制度。

第二章
电工安全的基础知识

第一节　安全生产的基本知识

一、影响安全生产的因素

（一）人的因素

人的因素是指人的不安全行为，人是安全因素中最重要的环节，是事故产生的最直接因素。各种安全事故中，其原因不管是直接的还是间接的，都可以说是由于人的不安全行为引起的。有资料统计表明，在特种作业现场的安全事故中，因人的不安全行为所造成的事故占总数 80%以上。人的因素具体表现在以下两个方面。

1．素质

素质是个综合性的概念，也是一个相对的概念。人们说，某人素质高，或某人素质不高，是对特定的人特定的某方面进行的评价。一般可以这样理解素质的概念：“素质是指人的知识、能力、技巧、责任心、创造精神等是否满足岗位的要求”。

素质还有一个特征——可以变化。在一定的条件下，人的素质是可以变化的，如“技术素质”可以通过技术培训、经验积累而提高；“身体素质”可以通过保养、锻炼而提高；“道德方面的素质”可以通过学习、自身修养而提高等。

特种作业操作人员以下几方面素质最为重要：

（1）技术素质

技术素质的高低直接关系到其安全事故发生的概率。技术素质高的，对工作的熟练程度也高，发生安全事故的概率就低；而技术素质低的，对工作的熟练程度就差，发生安全事故的概率就大。同时，技术素质低的人员，自我保护能力也差。

（2）职业道德素质

职业道德方面的素质（即工作态度）包括很多方面，其中责任心和工作纪律最为重要。实践证明，纪律涣散的班组，其事故发生率比纪律严密的班组高得多，特别是在操作中需相互配合、协调时，那种“各吹各的号、各拉各的调”、不顾全大局、不听从指挥的现象，极易发生事故。强化工作责任心、严格遵守工作纪律是特种作业操作人员必不可少的基本素质。

（3）身体素质

特种作业人员的身体条件是有一定基本要求的。应无心脏病、高血压、贫血病、癫痫病等，并且要身体健康、肢体健全灵活；对电工而言，还应无色盲。不符合条件的人，是不能从事特种作业操作的。通常，在特种作业现场因操作者身体原因出现的事故主要有以下两种：

①带病作业：带病作业不仅有损本人身体健康，且极易发生安全事故。

②精力不集中：特种作业人员在操作过程中不仅要求有一定的操作技能，而且还有一定的劳动强度，如休息不好、过度疲劳，会造成精力不集中；另外，心理上的多种因素也会造成精力不集中，如受批评后、与人发生矛盾后、过度兴奋后、受其他因素刺激后等。精力不集中时极易引起操作失误，严重的即会引发安全事故。

2．违反操作规范（规程）

操作规范（规程）是经验和教训总结出来的操作方法及操作程序。它不仅是指导操作的正确动作、方法、要领、程序等操作问题，而且也是具有权威性的、必须遵守的操作“法规”。在实践中，违反操作规程的有以下三种情况：一是技术方面的问题；二是领导、管理人员不讲科学瞎指挥、盲目蛮干造成的；三是所谓“粗心大意”，对“规程”中细小的规定不重视而造成的安全事故。所以说，违反操作规范（规程）是与操作者的“技术素质、道德素质”有关的，在任何情况下、任何人都要严格遵守。

（二）电气设备的因素

在生产活动中，设备的因素是指设备的不安全状态，也是事故产生的直接原因。我们知道，设备的完好和正常运转是安全的有力保障，反之，“带病运行”的设备则是安全的重大隐患。

作业现场的所有电气设备，不允许“带病运转”，要按相关规程、规定对电气设备进行必要的维修和保养，使电气设备保持良好的工作状态。

另外，对于电工安全用具，特别是高压安全用具，要注意随时检查、保养，并能正确使用。

（三）材料的因素

电工作业所用的电气材料不合格，或者用材不当，必然存在着安全隐患。比如：电器材料的绝缘强度不够或绝缘电阻达不到要求，就可能引发安全事故。

（四）环境的因素

影响安全的环境因素是指环境对作业人员在作业过程中所产生的不良状态。就电工作业而言，既有地面作业，又有高空作业；既有室内作业，又有室外作业，所以环境的不同对电工的安全生产在作业过程中所产生的影响就不同。

1．受自然环境的影响

当各种气候（包括刮风、下雨、打雷、下雪、结霜、起雾等）、温度、地理条件等自然环境不同时，都会影响人的正常操作和设备的正常使用，严重时可能引发意外的安全事故。比如：冬天的寒冷会使操作者动作迟缓或僵硬；夏天的炎热往往会使操作者的体力透支，注意力不集中；冬天的大雪或结霜严重时会影响室外电力线路的正常工作。

2．受工作环境的影响

不同的工作环境，由于环境参数的不同会产生各种不安全的因素，所以在选用电气设备和采取的安全措施上应有能控制各种工作环境中不安全因素所产生的影响。

就电气设备而言，工作环境的不同会影响触电危险的程度。比如：潮湿、导电性粉尘、腐蚀性蒸气和气体对电气设备的绝缘起破坏作用，严重时可能造成电气设备的外壳、机座等金属部件带上危险的电压，因此就可能发生触电事故。按照触电危险程度的不同，我们可将工作环境分为三类：普通环境、危险环境和高度危险环境。

就有易燃易爆的工作环境而言，由于环境中广泛存在易燃易爆的物质，许多地方潜伏着火灾和爆炸的可能性，所以电气作业人员在电气设备的选用上要采用防爆设备，在操作规程上要严格执行防火防爆的安全措施。

（五）管理的因素

人的不安全行为、设备及材料的不安全状态、环境的不良影响，往往只是安全事故发生的直接和表面的原因，深入分析我们可以发现，虽然造成安全事故的原因是多方面的，但根本原因在于安全管理的因素，因管理因素而导致的安全事故主要包括企业主要领导者对安全的不重视，组织结构和人员配置不完善，安全规章制度不健全，安全操作规程执行不力等。比如说：环境因素的影响是不可避免的，但是，通过适当的安全管理行为，选择适当的安全措施是可以将影响程度减少到最低的。

所以说，有力的安全管理是杜绝事故的最主要措施。实践证明，事故发生的概率大小、发生事故后危害的程度往往取决于安全管理是否到位、是否严密、是否有效。

二、安全用具与安全标识

（一）安全用具

电工安全用具是防止触电、坠落、灼伤等工伤事故，保障作业人员安全的各种电工安全用具。它主要包括起绝缘作用的绝缘安全用具、起验电或测量作用的绝缘安全用具、登高作业的登高安全用具以及检修工作中的临时接地线、遮栏和标志牌等检修安全用具。

1．绝缘安全用具

绝缘安全用具按电压等级可分为1 000V以上的高压和1 000V以下的低压两类，按用途则可分为基本绝缘安全用具和辅助绝缘安全用具两类。

（1）基本绝缘安全用具

绝缘强度能够长时间可靠地承受电气设备运行电压，能直接用来操作电气设备的安全用具，称为基本绝缘安全用具。高压设备的基本绝缘安全用具有绝缘棒、绝缘夹钳等。低压设备的基本绝缘安全用具有绝缘手套、装有绝缘柄的工具等。

（2）辅助绝缘安全用具

绝缘强度不足以承受电气设备运行电压，只能加强基本安全用具的作用的安全用具，称为辅助绝缘安全用具。高压设备的辅助绝缘安全用具有绝缘手套、绝缘鞋、绝缘垫及绝缘台等。低压设备的辅助绝缘安全用具有绝缘台、绝缘垫及绝缘鞋（靴）等。

基本绝缘安全用具和辅助绝缘安全用具的划分是相对的，同一个安全用具在不同的情况下，充当着不同的安全用具。比如说：在低压带电设备上工作时，绝缘手套、绝缘鞋（靴）、绝缘垫可作为基本安全用具使用，在高压情况下，只能用作辅助安全用具。所以，电工作业人员必须正确地使用绝缘安全用具。

2．携带式电压和电流指示器

（1）携带式电压指示器

携带式电压指示器也称验电器，为高压验电器和低压验电器（俗称试电笔）两种，用来检验设备、线路是否有电。

（2）携带式电流指示器

携带式电流指示器通常叫做钳表或钳形电流表，有高压钳表和低压钳表之分，用在不断开线路的情况下测量线路电流。

3．登高安全用具

登高安全用具包括梯子、高凳、脚扣、登高板、安全腰带等专用用具。

4．检修安全用具

检修安全用具包括装设接地线、悬挂标示牌和装设遮栏等。

（二）安全标志

为了引起人们对不安全因素的注意，预防事故的发生，需要在各有关场合作出醒目标志，以此表达特定的安全信息。

1．安全标志

安全标志是用以表达特定的安全信息的标志，它是由图形符号、安全色、几何图形（边框）或文字组成。

安全标志分为禁止标志、警告标志、指令标志、提示标志四大类型。安全标志要配相应的安全色，必要时增加补充标志及文字。

2．安全色

安全色是表达安全信息含义的颜色。国家规定的安全色有红、黄、蓝、绿四种颜色，分别表示禁止、警告、指令、提示。

为使安全色更加醒目，可配用对比色。对比色有黑色与白色两种，为了醒目可以用红色配白色，蓝色配白色，黄色配黑色，绿色配白色。

黑色用于安全标志的文字、图形符号和警告标志的几何图形。白色作为安全标志红、蓝、绿色的背景色，也可用于安全标志的文字和图形符号。

在电气设备上涂成红色的电器外壳是表示其外壳有电；灰色的电器外壳是表示其外壳接地或接零。

三相交流电中黄色代表 L_1（U）相，绿色代表 L_2（V）相，红色代表 L_3（W）相，蓝色代表工作零线（N），黄绿双色线代表保护零线（PE）；单相交流电的相线与引出相线颜色相同；明敷接地扁钢或圆钢涂黑色。直流电中红（褐）色代表正极，蓝色代表负极，信号和警告回路用白色。

第二节　安全用电技术的概况

一、安全用电技术的现状及发展趋势

到目前为止，安全用电技术基本上还是沿用传统的安全措施，如接地、接零、绝缘、安全距离、安全电压、联锁、安全操作规程、电工安全用具、防雷接地、报警装置以及漏电保护等。这些措施经历了几代人的实践总结修改完善，确定是行之有效的，即使在今后很长的时期内仍然占有重要的位置。

随着电子技术、自动检测技术、传感器技术、微机技术的发展，出现了功能齐全、性能良好、有智能功能的漏电保护器。使安全用电技术有了一个新的发展动向。近几年来，这方面的技术发展很快，已出现了由微机和各类传感元件组成的自动电子检测装置，能准确地预报绝缘降低、漏电，接地电阻减少、过载、短路、断相触电及导致事故发生的地点、部位，以便提醒工作人员注意和处理。同时人们在实践中也逐步完善了安全管理系统的内容，出现了现在的安全保证体系，这对保证电气系统的安全运行有着很大的推动作用，人们运用系统工程及反馈的理论建立安全信息网络，做到超前预防及控制，使电气安全技术更完善、更可靠、更周密和更安全。电气安全工作中，一手要抓技术，使技术手段完备，一手要抓组织管理，使其周密完善，只有这样才能保证电气系统、设备和人身的安全。

二、电气安全技术的特点

电气安全技术是在人们生产和生活实践中发展起来的，它是研究防止电气事故、正确使用电器的方法和解决生产中电气安全问题的学科。电气安全技术既有其古老的一面，又有其不断向更高水平发展的、生命力极强的特征。

（一）周密性

任何一项电气安全技术的产生都有着严格的过程，不得有任何疏忽，任何一个细微的可能都应考虑并做试验验证，以保证技术的可靠周密，否则将会带来不可估量的损失。

（二）完整性

电气安全技术是一个非常完整的体系，不仅包括电气本身的各种安全技术，而且还包括用电气技术去保证其他方面安全的各项技术。同时，这两方面都完整无缺、滴水不漏且面面俱到，从安全组织管理、技术手段到人员素质、产品质量以及设计安装等，形成了一个完整的安全体系。

（三）复杂性

正因为上述两点导致了电气安全技术的复杂性。电气安全技术的对象，不仅是单一的用电场所，一些非用电场所也有电气安全问题。此外，利用电气及控制技术来解决安全问题以及有关安全技术的元件，不仅有电气技术，还有电子技术、微机技术、检测技术、传

感技术及机械技术。这样使得电气安全技术变得很复杂。

（四）综合性

综上所述，电气安全技术是一门综合技术，除了电气电子技术外，还涉及到许多学科领域，其中包括管理技术、操作规范以及消防、防爆、焊接、起重吊装、挖掘、高空作业、传感器及元器件制作等。随着工业及文明的发展，电的应用越来越广泛，电气安全技术将更为复杂化、更具有综合性。

（五）不断修改性

任何安全措施、操作规程、元器件的产生都是人们在生产实践中不断总结修改而产生的，也只有这样，才具备上述的严密性、完整性。

三、安全用电在国民经济和工业生产当中的地位及任务

安全是一个间接的生产力，在国民经济及工业生产当中占有很重要的地位，因此常见到“安全第一”的标语及口号。安全本身并不创造价值，往往要注入很大的资金，但是安全保证了人身安全，保证了机械设备、运输设备、电气系统等的正常运行，提高了生产率，减少了运行中的损耗及事故后的费用，实际上等于生产价值的升值，间接地提高了生产力。因此，安全是国民经济及工业生产当中不容忽视的一项工作。

电气安全技术是一种用途很广的、极为重要的实用技术，随着工业技术和家用电器的迅猛发展，电气系统已深入到国民经济和人民生活的每个角落，每个人都必须掌握一定的安全用电技术。一方面是保证个人的人身安全，另一方面是为了保证电气系统、电气设备、电气线路以及涉及到的环境、建筑物、各种设施的安全。这在国民经济和国家政治生活中都占有很重要的位置，这是我们每个人都不容忽视的。

但是，由于用电安全技术目前普及还不够，近些年来国内的几次重大火灾事故几乎都与电气有关。通过这些事实足以说明，很多人还未具有安全用电的基本常识。所以需要大力地普及安全用电知识。

第三节　消防知识

一、消防基本知识

火灾是经常威胁公众生命和财产安全的一种普通性灾害，即在时间和空间上失去控制的燃烧所造成的灾害。

我国消防工作方针是“预防为主，防消结合”。火灾的预防工作极其重要，了解起火的原因和燃烧条件可有效地预防火灾，消除隐患，堵住火灾发生的源头。

（一）起火的原因

引起火灾的原因错综复杂，归纳起来有如下几种情况。

1．生活用火不慎

生活用火不慎包括取暖、照明、烧饭。随着生活用电的增加，如家用电器的种类和数量近年来迅猛增加，房屋装饰设计不合理，可燃材料的大量使用，特别是年代稍久的房屋，由于修建时用电量设计较小，都很容易造成短路使开关和熔断器处温度过高，如其周围有可燃物则会很容易起火。还有生活中易燃气体的使用，如天然气、煤气、液化石油气的广泛使用，如果使用时操作不当也是起火的原因之一。

2．小孩玩火

小孩玩火，包括小孩乱放鞭炮、烟花、玩火做游戏取乐等均会引起火灾。

3．违反安全操作规程

违反安全操作规程，包括违章起火、烧焊、烘烤、熬炼以及反应温度、压力、时间、速度失控等引起火灾。这些情况的出现，大都是由于职工思想麻痹，责任心不强，劳动纪律松弛，擅离职守等造成的；或者由于某些单位领导单纯追求经济效益，对消防安全规章制度贯彻执行不严造成的；也有由于新工人增多，或新技术、新工艺的使用，缺少经验而造成的。

4．违反电气安装使用安全规定

违反电气安装使用规定，包括违章安装使用电机、电焊机、变压器、电热器、照明器及乱拉电线等引起的火灾。随着生产、生活用电范围和用电量的扩大，因电气原因引起的火灾发生率显著上升。

5．吸烟

吸烟引起火灾的行为包括吸着烟睡觉、醉酒时吸烟以及乱扔烟头、火柴杆等。有的吸烟者，忽视安全，不分场所、地点、时间随意吸烟，乱扔未熄灭的烟头和火柴杆引起火灾。现在提倡戒烟，希望因吸烟而引起的火灾能减少或杜绝。

6．放火

放火包括刑事犯罪的放火和私仇的放火。主要由政治或经济的原因，以及因财产、婚姻、民事纠纷等原因引起。

7．暗火引起的火灾

暗火即没有火源，这类火灾包括大量的堆积物因通风不好，内部发热，积热不散发生自燃；把化学性质活泼且相互抵触的物品混在一起，发生化学反应起火或爆炸；化工生产设备失修，出现可燃烧气体，易燃、可燃液体跑、冒、滴、漏现象，一遇明火便发生燃烧或爆炸；机械设备摩擦发热，使接触到的可燃物自燃起火等。

8．地震火灾和战时的火灾

突然的地震和战时的空袭，会因为人们急于疏散而来不及断电、熄灭炉火以及处理好易燃易爆生产装置和危险物品，待房屋受震，极易起火，便出现了地震火灾和战时火灾的不幸。

尽管起火的原因多种多样，但许多是人们能预见和预防的，因此，人们应该积极预防，尽可能地避免火灾的发生。

（二）起火条件

在一定温度下，与空（氧）气或其他氧化剂进行剧烈化学反应而发生的热效发光现象的过程称为燃烧，俗称起火。任何燃烧事件的发生必须具备以下三个条件：

①有可燃物质存在。凡能与空气中的氧或其他氧化剂起剧烈化学反应的物质，都可称为可燃物质，如木材、油漆、纸张、天然气、汽油、酒精等。

②有助燃物质存在。凡能帮助和支持燃烧的物质叫助燃物，如空气、氧气等。

③有着火源存在。凡能引起可燃物质燃烧的热能源即着火源，如明火、电火花、灼热的物体等。

只有上述三个条件同时具备，并相互作用才能燃烧、起火。燃烧的三个条件直接关系着怎样采取防火、防爆的措施。

（三）火灾的分类

根据《火灾分类》（GB/T 4968—2008）的规定，火灾按可燃物的类型和燃烧特性分为A、B、C、D、E、F 六类。

A 类火灾：指固体物质火灾。这种物质通常具有有机物质的性质，一般在燃烧时能产生灼热的余烬。如木材、煤、棉、毛、麻、纸张等火灾。

B 类火灾：指液体或可熔化的固体物质火灾。如煤油、柴油、原油，甲醇、乙醇、沥青、石蜡等火灾。

C 类火灾：指气体火灾。如煤气、天然气、甲烷、乙烷、丙烷、氢气等火灾。

D 类火灾：指金属火灾。如钾、钠、镁、铝镁合金等火灾。

E 类火灾：带电火灾。物体带电燃烧的火灾。

F 类火灾：烹饪器具内的烹饪物（如动植物油脂）火灾。

（四）火灾的等级

根据公安部 2007 年 6 月 26 日下发的《关于调整火灾等级标准的通知》，新的火灾等级标准由原来的特大火灾、重大火灾、一般火灾三个等级调整为特别重大火灾、重大火灾、较大火灾和一般火灾四个等级。

①特别重大火灾，指造成 30 人以上死亡，或者 100 人以上重伤，或者 1 亿元以上直接财产损失的火灾；

②重大火灾，指造成 10 人以上 30 人以下死亡，或者 50 人以上 100 人以下重伤，或者 5 000 万元以上 1 亿元以下直接财产损失的火灾；

③较大火灾，指造成 3 人以上 10 人以下死亡，或者 10 人以上 50 人以下重伤，或者 1 000 万元以上 5 000 万元以下直接财产损失的火灾；

④一般火灾，指造成 3 人以下死亡，或者 10 人以下重伤，或者 1 000 万元以下直接财产损失的火灾（注："以上"包括本数，"以下"不包括本数）。

二、灭火器的种类及常见灭火器的使用方法

（一）灭火器的种类

灭火器是人们用来扑灭各种初期火灾的很有效的消防灭火器材。灭火器的种类很多，其适用范围也有所不同，只有正确地选择灭火器的类型，才能有效地补救不同种类的火灾，

达到预期的效果。

1．按其移动方式分类

我国现行的国家标准将灭火器分为手提式灭火器（总重量不大于 20 kg）和推车式灭火器（总重量不大于 40 kg 以上）。

2．按驱动灭火剂的压力形式分类

（1）化学反应式灭火器

灭火剂由灭火器内化学反应产生的气体压力驱动的灭火器。

（2）储气式灭火器

灭火剂由灭火器上的储气瓶释放的压缩气体的或液化气体的压力驱动的灭火器。

（3）储压式灭火器

灭火剂由灭火器同一容器内的压缩气体或灭火蒸汽的压力驱动的灭火器。

3．按所充装的灭火剂的不同分类

常用的灭火器按其所充装的灭火剂不同分为：水型灭火器、泡沫灭火器、干粉灭火器、二氧化碳灭火器、卤代烷灭火器（俗称“1211”灭火器和“1301”灭火器）等。

灭火剂是指能够有效地破坏燃烧条件，使燃烧中止的物质。目前，我国常用的灭火剂种类有水及水添加剂、泡沫灭火剂、干粉灭火剂、卤代烷灭火剂等。

（1）水

水是不燃液体，它是最常用、来源最丰富、使用最方便的灭火剂，在扑灭火灾中应用得最广泛。现在的消防器材中，用水灭火的占很大比例。例如：作为重要灭火工具的消防车，多数是离不开水的；在固定灭火装置中，水喷淋系统使用得最多最广。水可以单独使用，也可以与不同的化学剂组成混合液使用。水的主要灭火作用是冷却，这是由于水的比热容比其他液体的都大。另外还有窒息作用，对水溶性可燃液体的稀释作用，冲击乳化作用，水力冲击作用。

由于水通常属导电物质，所以水不能用于扑救带电设备的火灾。

（2）泡沫灭火剂

凡能够与水混溶，并可通过化学反应或机械方法产生灭火泡沫的灭火剂，称为泡沫灭火剂。泡沫灭火剂的灭火作用有覆盖作用、冷却作用、稀释作用三种，其中覆盖作用是泡沫的主要灭火作用。泡沫有化学泡沫和空气泡沫两种类型。

化学泡沫，是由两种化学泡沫粉的水溶液混合在一起，经化学反应生成的。

空气泡沫，是泡沫生成剂和水按一定比例混合，经机械作用，吸入了大量的空气而生成的，因此也称为机械泡沫。

（3）干粉灭火剂

干粉灭火剂是一种干燥的、易于流动的固体粉末。一般借助于灭火器或灭火设备中的气体压力，将干粉从容器中喷出，以粉雾的形式扑灭火灾。

干粉的种类很多，按使用范围分为如下几种：

BC 类干粉：是以碳酸氢钠、碳酸氢钾、氯化钾为主要成分的化学干粉。适用于扑救易燃气体、液体和电气设备的火灾。

ABCD 类干粉：是以硫酸铵、硫酸氢钾、磷酸二氢铵为主要成分的化学干粉，它适用于扑救多种火灾。

D类干粉：是以氯化钠、碳酸钠、硼砂为主要成分的化学干粉，适用于扑救金属火灾。

干粉灭火剂应存放在通风、干燥处，温度应保持50℃以下。

（4）二氧化碳灭火剂

二氧化碳俗称碳酸气，是一种不燃物，是不助燃的惰性气体。二氧化碳的主要灭火作用是窒息作用，同时还有冷却作用。当把二氧化碳施放到灭火空间时，由于二氧化碳的迅速汽化，排挤、稀释燃烧区的空气，使空间的氧气含量减少，当空间的氧气含量低于维持物质燃烧时所需的极限氧含量时，物质的燃烧就会熄灭。另外当二氧化碳从瓶中释放出来，由液体迅速膨胀为气体时，会产生一个冷冻效果，致使部分二氧化碳转变为固态的干冰。干冰迅速汽化的过程中，要从火焰和周围环境吸热。不过二氧化碳的冷却作用是很小的，在灭火中不起主要作用。

由于二氧化碳灭火剂不导电、不含水分、不污损仪器设备等，因此适用于扑救电气设备、精密仪器、图书档案等火灾。

（5）卤代烷灭火剂

卤代烷是以卤素原子取代烷烃分子中的部分或全部氢原子后得到的一类有机化合物的总称。一些低级烷烃的卤化物具有不同程度的灭火作用，这些具有灭火作用的低级卤代烷称为卤代烷灭火剂。卤代烷灭火剂是一种化学灭火剂，它能在火焰的高温中分解产生活性游离基 Br^-、Cl^-等，参与物质燃烧过程中的化学反应，清除维持燃烧所必需的活性游离基 OH^-、H^+等，生成稳定的分子 H_2O、CO_2 以及活性低的游离基 R 等，从而使燃烧过程中的连锁反应中断而灭火。也就是说，卤代烷灭火剂对物质燃烧的化学反应历程实际上是起着负催化剂的作用。

（二）常用灭火器的使用方法

1. 泡沫灭火器

泡沫灭火器是指充装泡沫灭火剂的灭火器，按充装的灭火剂可分为化学泡沫灭火器和空气泡沫灭火器。

（1）手提式化学泡沫灭火器的使用方法

手提式化学泡沫灭火器在使用时，应手提筒体上部的提环，迅速赶到起火点。灭火器在运送过程中不能过分倾斜或摇晃，更不能横置，颠倒或扛在肩上，以免两种药液混合而提前喷射。当距离起火点 10 m 时，一只手仍握住提环，另一只手抓住筒体上的底圈，将灭火器颠倒过来，泡沫即可喷出。

（2）推车式化学泡沫灭火器的使用方法

推车式灭火器，应先将偏心扳手向上扳起，使瓶胆的密封盖自动弹起，然后颠倒过来。在喷射泡沫过程中，灭火器应一直保持颠倒的垂直状态，不能横置或直立过来，否则会中断喷射。推车式化学泡沫灭火器，一般应由两人操作。使用时，先将灭火器迅速推到或拉到火场，在距起火点 15 m 的左右处停下。一人逆时针方向转动手柄，将螺杆旋至最高位置，使瓶胆充分开启，然后使拖杆着地，筒体倾倒，并摇晃几下，另一人迅速展开喷射软管，打开阀门，双手紧握喷枪，对准燃烧物喷射泡沫。其灭火方法与手提式化学泡沫灭火器相同。

（3）空气泡沫灭火器的使用方法

空气泡沫灭火器在使用时，应手提灭火器迅速赶到火场，在距起火点 6 m 左右处停下，先拔出保险销，然后一只手握住喷枪，另一只手紧握开启压把，空气泡沫就会从喷枪中喷射出来。空气泡沫灭火器的灭火方法与化学泡沫灭火器相同。

2．干粉灭火器

（1）手提式干粉灭火器的使用方法

使用前，先把灭火器上下颠倒几次，使筒内干粉松动。如果使用的是内装式或储压式干粉灭火器，应先拔下保险销，一只手握住喷嘴，另一只手用力按下压把，干粉便会从喷嘴喷射出来。如果使用的是外置式干粉灭火器，应一只手握住喷嘴，另一只手提起提环，握住提柄，干粉便会从喷嘴射出来。

（2）背负式干粉灭火器的使用方法

背负式干粉灭火器使用时，先撕去铅封，拔出保险销，然后背起灭火器，迅速赶到火场，在距起火点 5 m 左右处，占据适当位置，手持喷枪，打开扳机保险，用力钩动扳机，喷枪即可喷粉灭火。当第一个筒体内的干粉喷完后，将可换位扳机凸出轴由左向右推动，再钩动扳机，第二筒干粉即喷射灭火。

3．二氧化碳灭火器

（1）手提式二氧化碳灭火器的使用方法

使用手提式二氧化碳灭火器时，可手提灭火器的提把，或把灭火器扛在肩上，迅速赶到火场，在距起火点大约 5 m 处放下灭火器，一只手握住喇叭筒根部的手柄，把喷筒对准火焰，另一只手或者旋开手枪，或者压下压把，二氧化碳就喷射出来。

（2）推车式二氧化碳灭火器的使用方法

推车式二氧化碳灭火器一般由两人操作，使用时两人一起将灭火器推或拉到燃烧处，在离燃烧物 10 m 左右停下，一人快速取下喇叭筒并展开喷射软管后，握住喇叭筒根部的手柄，另一人快速按逆时针方向旋动手轮，并开到最大位置。灭火方法与手提式的方法一样。

4．1211 灭火器

（1）手提式 1211 灭火器的使用方法

使用时，应手提灭火器的提把或肩扛灭火器到火场。在距燃烧处 5 m 左右，放下灭火器，先拔出保险销，一手握住开启把，另一手握在喷射软管前端的喷嘴处。如灭火器无喷射软管，可一手握住开启压把，另一手扶住灭火器底部的底圈部分。先将喷嘴对准燃烧处，用力握紧开启压把，使灭火器喷射。当被扑救可燃烧液体呈现流淌状燃烧时，使用者应对准火焰根部由近而远并左右扫射，向前快速推进，直至火焰全部扑灭。如果可燃液体在容器中燃烧，应对准火焰左右晃动扫射，当火焰被赶出容器时，喷射流跟着火焰扫射，直至把火焰全部扑灭。但应注意不能将喷流直接喷射在燃烧液面上，防止灭火剂的冲力将可燃液体冲出容器而扩大火势，造成灭火困难。如果扑救可燃性固体物质的初起火灾时，则将喷流对准燃烧最猛烈处喷射，当火焰被扑灭后，应及时采取措施，不让其复燃。1211 灭火器使用时不能颠倒，也不能横卧，否则灭火剂不会喷出。另外在室外使用时，应选择在上风方向喷射；在窄小的室内灭火时，灭火后操作者应迅速撤离，因 1211 灭火剂也有一定的毒性，以防对人体的伤害。

（2）推车式 1211 灭火器的使用方法

灭火时一般由两人操作，先将灭火器推或拉到火场，在距燃烧处 10 m 左右停下，一人快速放开喷射软管，紧握喷枪，对准燃烧处；另一人则快速打开灭火器阀门。灭火方法与手提式 1211 灭火器相同。

三、灭火的基本措施

物质燃烧必须同时具备三个必要条件，即可燃物、助燃物和着火源，根据这些基本条件，一切灭火措施都是为了破坏已经形成的燃烧条件，或终止燃烧的连锁反应而使火熄灭以及把火势控制在一定范围内，最大限度地减少火灾损失。这就是灭火的基本原理。

（一）灭火的基本方法

①冷却法：如用水扑灭一般固体物质的火灾，通过水来大量吸收热量，使燃烧物的温度迅速降低，最后使燃烧终止。

②窒息法：如用二氧化碳、氮气、水蒸气等来降低氧浓度，使燃烧不能持续。

③隔离法：如用泡沫灭火剂灭火，通过产生的泡沫覆盖于燃烧体表面，在冷却作用的同时把可燃物同火焰和空气隔离开来，达到灭火的目的。

④化学抑制法：如用干粉灭火剂通过化学作用，破坏燃烧的链式反应，使燃烧终止。

（二）灭火器的选择

根据火灾分类中的六种类型，有针对性地选择各种灭火器：

①扑救 A 类火灾：可选择水型灭火器、泡沫灭火器、磷酸铵盐干粉灭火器、卤代烷灭火器。

②扑救 B 类火灾：可选择泡沫灭火器（化学泡沫灭火器只限于扑灭非极性溶剂）、干粉灭火器、卤代烷灭火器、二氧化碳灭火器。

③扑救 C 类火灾：可选择干粉灭火器、卤代烷灭火器、二氧化碳灭火器等。

④扑救 D 类火灾：可选择粉状石墨灭火器、专用干粉灭火器，也可用干砂或铸铁屑末代替。

⑤扑救 E 类（带电）火灾：可选择干粉灭火器、卤代烷灭火器、二氧化碳灭火器等。带电火灾包括家用电器、电子元件、电气设备（计算机、复印机、打印机、传真机、发电机、电动机、变压器等）以及电线电缆等燃烧时仍带电的火灾，而顶挂、壁挂的日常照明灯具及起火后可自行切断电源的设备所发生的火灾则不应列入带电火灾范围。

⑥扑救 F 类火灾：灭火时忌用水、泡沫及含水性物质，应使用窒息灭火方式隔绝氧气进行灭火。比如可选择干粉灭火器。

四、火灾险情处置

当发生火灾时，应一方面迅速报警，另一方面组织人力积极扑救。

（一）火灾处置的基本原则

①先控制，后消灭；

②救人重于救火；

③先重点，后一般；

④正确使用灭火器材。

（二）火灾处置的基本要点

①立即报告。无论在任何时间、地点。一旦发现起火都要立即报告工程项目消防安全领导小组。

②集中力量。主要利用灭火器材，控制火势，集中灭火力量在火势蔓延的主要方向进行扑救以控制火势蔓延。

③消灭飞火。组织人力监视火场周围的建筑物、物料堆放等场所，及时扑灭未燃尽飞火。

④疏散物料。安排人力和设备，将受到火势威胁的物料转移到安全地带，阻止火势蔓延。

⑤积极抢救被困人员。人员集中场所发生火灾，要有熟悉情况的人做向导，积极寻找和抢救被围困的人员。

（三）火灾救助

发生火灾时，应立即报警。我国火警电话号码为“119”。火警电话拨通后，要讲清起火的单位和详细地址，讲清起火的部位、燃烧的物质和火灾的程度以及着火的周边环境等情况，以便消防部门根据情况派出相应的灭火力量。

报警后，起火单位要尽量迅速地清理通往火场的道路，以便消防车能顺利迅速地进入扑救现场。同时，并应派人在起火地点的附近路口或单位门口迎候消防车辆，使之能迅速准确地到达火场，投入灭火战斗。

第四节 触电与急救

众所周知，触电事故是由电流形成的能量所造成的事故。为了更好地预防触电事故，首先我们应了解触电事故的种类、方式与规律。

一、触电事故种类、方式与规律

（一）触电的种类

当人体因接触或接近带电体而引起局部受伤或死亡的现象称为触电。按照触电事故的构成方式，触电事故可分为电击和电伤。

1．电击

电击是电流对人体内部组织的伤害，是最危险的一种伤害，绝大多数（大约 85%以上）的触电死亡事故都是由电击造成的。

2．电伤

电伤是由电流的热效应、化学效应、机械效应等效应对人造成的伤害。

（二）触电的方式

人体触电的方式多种多样，常见的触电方式有：

1．单相触电

单相触电是指人体在地面或其他接地导体上，人体的某一部位触及一相带电体的触电事故。这时施加在人体的电压就是相电压。大部分触电事故都是单相触电。

2．两相触电

两相触电是指人体两处同时触及两相带电体的触电事故。这时施加在人体的电压就是线电压，所以危险程度更高一些。

3．感应电压触电

一些设备虽然停了电，但由于临近的电气设备带电，可能在停电的设备上感应出电压，造成触电。

4．剩余电荷触电

一些电气元件能够储存一定数量的电能。当切断电路后，这部分电荷并没有释放掉，因此，有较高的电压。当人体接近或触到这些电气设备时就会形成放电回路。所以，一些储能电气设备，如电容器、电压互感器、变压器等停电后要通过放电回路将残存电荷释放掉。

5．跨步电压触电

当带电体接地有电流流入地下时，电流在接地点周围土壤中产生电压降，人的接地点周围，两脚之间出现电压（即跨步电压），由此引起的触电事故称为跨步电压触电。高压故障接地处或有大电流流过的接地装置附近，都可能出现较高的跨步电压。

（三）触电事故的规律

为了防止触电事故，应当研究触电事故的规律，以便制定有效的安全措施。根据对触电事故的分析，从触电事故发生率上看可以找到如下规律：

1．六月到九月触电事故多

主要原因：一是这段时间天气炎热，人体衣单而多汗，触电危险性较大；二是这段时间多雨、潮湿，地面导电性增强，容易构成电击电流回路，而且电气设备的绝缘电阻降低，容易触电；三是这段时间大部分农村都是农忙季节，农村用电量增加，触电事故因而增多。

2．中、青年人触电事故多

主要原因是缺乏必要的电气安全知识，做事容易冲动，其中有的责任心还不够强，以致触电事故多。

3．低压设备触电事故多

主要原因是低压设备远多于高压设备，与之接触的人又比较缺乏电气安全知识的缘故。

4．携带式设备和移动式设备触电事故多

主要原因是这些设备需要经常移动，工作条件较差，容易发生故障，而且经常在人紧握之下工作的缘故。

5．电气连接部位触电事故多

主要原因是由于插销、开关、接头等连接部位机械牢固性较差，电气可靠性也较低，容易出现故障的缘故。

6．农村触电事故多

主要原因是农村设备简陋，技术水平低的缘故。

7．错误操作和违章作业造成的触电事故多

主要原因是安全教育不够、安全制度不严和安全措施不完善、操作者素质不高等因素造成的。

8．冶金、矿业、建筑、机械行业触电事故多

主要原因是这些行业现场混乱、温度高、移动式设备多、金属设备多的缘故。

9．伪劣电器触电事故多

主要原因是不重视产品的质量和假冒伪劣产品增多。

二、电流对人体的危害

电流对人体的伤害与多种因素有关：

1．伤害程度与电流大小的关系

通过人体的电流越大，伤害越严重。防止各种人身触电事故的漏电保护装置应选择30毫安及其以下高灵敏度的漏电保护装置。

2．伤害程度与通电时间的关系

电流通过人体的时间越长，越容易引起心室颤动，电击危险性越大。

3．伤害程度与电流途径的关系

①电流通过心脏会引起心室颤动，更大的电流还会促使心脏停止跳动，这都会中断血液循环，导致死亡；

②电流通过中枢神经或有关部位，会引起中枢神经强烈失调而导致死亡；

③电流通过头部会使人立即昏迷，若电流过大，会对脑产生严重的损害，甚至使人不醒而死亡；

④电流通过脊椎，可能导致半截肢体瘫痪；

⑤从左手到胸部，电流途径心脏，途径最短，是最危险的电流途径。

4．伤害程度与电流种类的关系

25～300赫兹的交流电对人体伤害最严重。直流电流、高频电流、冲击电流对人体都有伤害作用，其伤害程度一般较工频电流为轻。

5．伤害程度与人体状况的关系

电流对人体的伤害程度还与人的性别、体重、健康状况、精神状态等有关。

三、触电急救

发现有人触电，切不可惊慌失措，束手无策。应按“迅速、就地、准确、坚持”八字

急救原则，根据触电者的具体情况，进行相应的救治。

（一）触电现场急救的主要原则

1．迅速切断电源

大家知道，电流对人体的伤害与时间关系极大，通电时间越长，对人体的伤害越重。发现有人触电后，头脑要清醒，根据现场的实际情况，以最快的速度、最简便的方法，使触电者脱离电源。早一秒脱离电源，就多一分救活的希望。

2．就地正确抢救

当触电者脱离电源后，处于“假死”状态时，恢复触电者的心跳和呼吸是最重要的，时间就是生命。如果匆忙送往医院，就会把最宝贵的抢救时间（也是最容易救活的时间）贻误在路途上。心跳和呼吸停止时间长了，医术再高的医生也难以恢复。因此要刻不容缓地进行就地抢救。

3．正确对症救治

当触电者脱离电源后，应根据触电者的具体情况，迅速对症救治。现场应用的主要救治方法是人工呼吸法和胸外心脏挤压法。

4．坚持到底不中断

对触电者的抢救，一旦开始，就应连续不停地进行下去，可能要进行几个小时。这是一项艰苦的劳动，在抢救全过程中，不能轻易地停下来。抢救者要有坚定的信心，坚持就是胜利，只要触电者有百分之一的希望，就要尽百分之百的努力。如果触电者身体已僵硬、出现尸斑，经医生诊断确实死亡，方可停止抢救。

（二）现场急救方法

1．对症救护

如果触电者已失去知觉（或有知觉），但心脏跳动和呼吸还存在，应使触电者舒适、安静地平卧，周围不围人，使空气流通，并速请医生诊治或送往医院。如果发现触电者呼吸困难、微弱或痉挛，应准备做进一步的抢救。

2．人工呼吸法

人工呼吸法是在触电者呼吸停止后应用的急救方法。各种人工呼吸法中，以口对口（鼻）人工呼吸法效果最好，而且简单易学，容易掌握。实施时先使触电者的呼吸道畅通，解开衣服、裤带等，张开口腔，清除口腔内杂物，使其仰卧，头部后仰，然后捏住鼻孔，救护人深吸一口气后紧贴触电者的口向内吹气，为时约 2 秒钟。吹气完毕，立即离开触电者的口，并松开触电者的鼻孔，让他自行呼气，为时约 3 秒钟。如果口腔难以打开，可堵住嘴向鼻孔吹气。

3．胸外心脏挤压法

胸外心脏挤压法是触电者心脏跳动停止后的急救方法。姿势与口对口人工呼吸法相同，挤压时救护人双手相叠，将手掌根部放在心脏部位，肘关节伸直，用体重和肩臂部肌肉的力量，有节奏地、带冲击性地垂直向下用力，按每分钟 60 次进行抢救。

如果触电者呼吸和心脏跳动都停止了，应当同时进行口对口人工呼吸和胸外心脏挤压。如是现场仅一个人抢救，两种方法应交替进行，每吹气 2～3 次，再挤压 10～15 次，而且吹气和挤压的速度应当提高一些，以提高抢救的效果。

（三）急救用药要求

触电急救用药应注意以下两点：

①任何药物都不能代替人工呼吸和胸外心脏挤压。

②要慎重使用肾上腺素（有心跳的人不能使用）。

对于触电者的外伤，应根据具体情况酌情处理。

第五节　电工作业人员应具备的职业道德及岗位职责

一、电工作业人员应具备的职业道德

职业道德是指同人们的职业活动紧密联系的符合职业特点所要求的道德准则、道德情操与道德品质的总和，同时也是从事一定职业的人，在职业活动中应遵循的行为准则。它既是对各行各业从业人员在本职工作中的行为要求，也是各行各业对社会所负的道德责任与义务。作为特种作业的电工从业人员由于本身具有多重性——理论性、技术性、特殊性、多技能性，因此，对其要求就很严格。

（一）热爱本职、忠于职守

作为一名合格的电工，不仅要认真地做好本职工作，对自己所从事的工作富于责任感，立足岗位，忠于职守，用主人翁的态度对待本职工作。而且还需要热爱这个职业，将这个职业作为一生的事业。只有这样才能具有崇高的职业理想、高尚的职业情感和纯正的职业作风。爱岗敬业是职业道德的基础与核心。

（二）遵章守纪、安全生产

电工在作业过程中，要有严格的职业纪律，认真执行规章制度，遵守安全操作规程，培养严细作风，维护正常生产秩序，坚持安全生产、文明生产，是树立良好职业道德的基本保证。电工作为特种作业人员要始终牢记："一人把好关，大家得安全"，这就是安全为公的道德观念。

（三）钻研技术、勇于创新

钻研技术、勇于创新，是特种作业人员应当具备的又一道德品质。在安全生产领域中，电气安全工作是一项极为重要的工作，近几年来，电气新技术、新工艺、新装备的不断涌现，这就需要电工作业人员不断地学习新知识、新技术、新标准（规范）、新工艺，只有这样才能适应不断发展变化的安全技术工作要求。因此，电工作业人员要在学习和工作中孜孜不倦、持之以恒、努力钻研，才能不断提高自己的业务水平，有所创新。

（四）尊师爱徒、团结互助

搞好行业内部人与人之间的关系，是每个电工从业人员应该遵守的职业道德准则。由

于电工作业具有责任大、技术性强、要求高、工作程序严谨等特点，所以没有较高技术素质的作业人员是很难胜任本职工作的，行业内的“传、帮、带”就尤为重要，“尊师爱徒”的传统美德需继续发扬，世代相传。电工作业的另一特点是：作业点多、涉及面广、现场环境复杂等，无论是日常工作还是抢修工作，都需要集体的协作，一个人是很难完成整个供电任务的，这就需要每个电工树立集体主义观念，密切配合，有团结互助的精神，确保安全供电、安全用电。

二、电工作业人员安全生产岗位职责

建立和健全以安全生产责任制为中心的各项安全管理制度，是保障安全生产的重要手段。电工作业人员安全生产职责主要内容如下：

①认真执行有关安全生产规定，对所从事工作的安全生产负直接责任。

②必须熟悉本岗位全部设备和系统，掌握构造原理、运行方式、特性和操作维护保养内容。

③在值班、作业中严格遵守安全操作规程的有关规定，并认真落实安全生产防范措施，保证安全供电，不准违章作业，发现违章作业应制止，对违章作业领导要提出意见，并向有关领导或部门反映。

④经常检查作业环境及各种设备、设施的安全状态，保证运行、备用、检修设备的安全，发现问题及检查各种设备设施技术状况是否符合安全要求，设备发生异常和缺陷时，应立即进行处理并及时联系汇报，不得让事态扩大。

⑤要定期检查，更换电气线路，防止腐蚀老化线路引起漏电短路。

⑥接拉临时线要经过所在部门领导批准，按规定要求等设，由专人负责，用完后立即拆除。

⑦变配电室要严密，防止小动物进入引起短路，防止漏雨水。

⑧认真填写电气设备大、中修记录（其内容主要有：检修项目、内容、部位、所换零部件、日期、工时、备件材料消耗等），积累好原始资料。

⑨发生电气火灾，应先切断电源，再行扑救。扑救时严禁使用泡沫灭火器，可用干粉灭火器和二氧化碳灭火器。

⑩电气作业人员上岗，应按规定穿戴好劳动防护用品和正确使用符合安全要求的电气工具和消防器材。

⑪电气运行人员应严格执行操作票、工作票制度、工作许可制度、工作监护制度、工作间断、转移和终结制度。

⑫定期参加班组或有关部门组织的安全学习，参加安全教育活动，接受安全部门或人员的安全监督检查，积极参与解决不安全问题。

⑬严格遵守劳动纪律，不迟到、不早退，提前进岗做好班前准备工作，值班中未经批准，不得擅自离开工作岗位。

除了明确岗位职责外，还应该加强监督检查考核，以便促进岗位职责的落实，促进安全生产。

第三章
防止触电的技术措施

触电事故尽管各种各样，但最常见的是偶然触及在正常情况下不带电而意外带电的导体。触电事故虽然具有突发性，但是仍具有一定的规律，只要能够掌握其规律采取相应的安全措施，很多触电事故是可以避免的。

预防触电事故的主要技术措施有：保证电气设备的绝缘、采取屏护、保证安全距离、保护接地和接零、采用安全电压、装设漏电保护装置、具有双重绝缘和加强绝缘、合理选用电气装置等。

第一节　绝缘、屏护和安全间距

绝缘、屏护和安全间距都是防止直接接触触电的基本技术措施，所谓直接接触触电就是指人体直接接触及或过分靠近电气设备及线路的带电导体而发生的触电现象。

一、绝缘

所谓绝缘，是用绝缘物将带电导体封闭起来，使之不能被人身触及，从而保证安全。良好的绝缘是保证电气设备正常运行，防止触电事故的基本措施。

一般使用的绝缘物有瓷、云母、橡胶、胶木、塑、布、纸、矿物油等。但绝缘不是万无一失的，因为绝缘也会遭到破坏，有的是机械损伤，有的是电压过高或绝缘老化产生电击穿，所以必须按照规定严格检查。

衡量绝缘的好坏用绝缘性能指标来表示，绝缘性能主要有绝缘电阻、泄漏电流、耐压强度、介质损耗等。而绝缘电阻是衡量电气设备的绝缘性能的一个最基本的指标，足够的绝缘电阻能把电气设备的泄漏电流限制在很小的范围，可以防止漏电引起的事故。绝缘必须和电压等级相符，不同电压等级的电气设备，有不同的绝缘电阻要求，并且绝缘还与使用环境和运行条件相适应。所有的电气设备都有其不同的绝缘要求和试验方法。

二、屏护

所谓屏护，就是由遮栏、护罩、护盖、箱盒等把带电体同外界隔绝开来，以减少人员直接触电的可能性。带电体的屏护用于电气设备不便于绝缘或绝缘不足以保证安全的场合，是防止触电、电弧短路伤人的一种措施，有时也是防止机械损伤电气设备，或者是周围环境对电气设备的特殊要求而采用的措施。

屏护的设置与带电体的距离有一定的要求。这个要求的基本原则是：空气中不同相的带电部分对接地部分最小安全净距（基本尺寸）加上一些实际因素决定的。

三、安全距离

所谓电气安全距离，是指人体、物体等接近带电体不会发生危险的距离。为了防止人体触电和接近带电体，为了避免车辆或其他工具碰撞或过分接近带电体，为了防止火灾、过电压放电和各种短路事故，在带电体与地面之间、带电体与带电体之间、带电体与人体之间、带电体与其他设施和设备之间，均应保证安全距离。安全距离电压的高低、设备的类型及安装方式等因素决定。

第二节　保护接地与保护接零

当运行中的电气设备绝缘损坏或由于其他原因而造成接地短路故障时，使其在正常情况下不带电的电气设备金属外壳带电，这样就可能造成间接接触触电。防止间接接触触电的基本技术措施是保护接地和保护接零。

一、概述

（一）接地基本概念

接地是将电气系统或电气设备的某一点（接地端）与大地之间做符合技术要求的电气连接。其目的是保证电气系统的正常运行，保证电气设备和人身的安全。

（二）接地的种类

1．按照接地的作用分类

（1）工作接地

工作接地是指在正常情况下有电流流过，利用大地代替导线的接地，以及正常情况下没有或只有很小不平衡电流流过，用以维持系统安全运行的接地。比如：电源中性点的直接接地或经消弧线圈的接地、经击穿保险的接地、绝缘监视装置的接地等都属于工作接地。如图 3-1 所示。

（2）保护接地

为了防止人触及电气设备因绝缘损坏而带电的外露金属部分，将电气设备中所有在正常时不带电的、绝缘损坏时可能带电的外露金属部分接地，就称为保护接地。

（3）重复接地

在三相四线制低压供电系统（TN 系统）中，为了加强接零的安全性，将零线上的一处或多处，通过接地装置与大地再次连接的措施称为重复接地，如图 3-1 所示。

（4）防雷接地

为把雷电迅速引入大地，以防止雷害为目的而设置的接地。如避雷针、避雷器的接地。

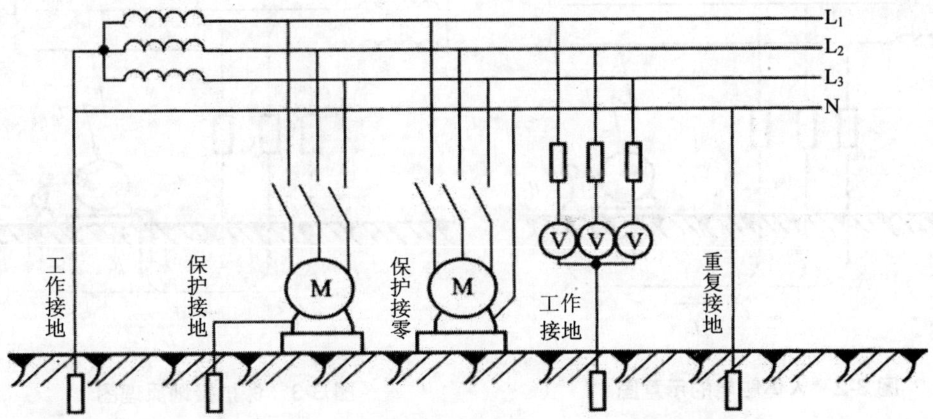

图 3-1　工作接地、保护接地、保护接零、重复接地示意图

（5）其他功能性接地

其他功能性接地包括：屏蔽接地、防静电接地、等电位接地、电子设备的信号接地及功率接地等。

2．按照保护接地的形式不同分类

（1）设备的外露可导电部分经各自的接地线（PE 线）直接接地，这种接地形式又称为“保护接地”。换句话来说，这种保护接地就是将电气设备正常不带电的金属外壳和架构通过接地装置与大地连接。如图 3-1 所示。

（2）设备的外露可导电部分经公共的 PE 线（在 TN-S 系统中）或经 PEN 线（在 TN-C 系统中）接地，这种接地形式又称为“保护接零”。换句话来说，这种保护接零就是将电气设备正常不带电的金属外壳和架构与配电系统的零线直接进行连接。如图 3-1 所示。

二、低压配电系统的接地形式

低压配电系统的接地形式有三种：IT 系统、TT 系统、TN 系统。

（一）IT 系统

在中性点不接地的低压配电系统中，当电气设备一相绝缘损坏漏电使设备金属外壳带电时，若人体触及设备外壳，就会造成触电事故。如图 3-2 所示。

如果将在故障情况下可能呈现危险对地电压的金属部分经接地线、接地体同大地紧密地连接起来，那么就可以把故障电压限制在安全范围以内，从而保证人身安全。由此可见，在低压不接地系统中采用保护接地是很有效的安全措施。如图 3-3 所示。

在不接地配电网中采用接地保护的系统，就称为 IT 系统。如图 3-4 所示。

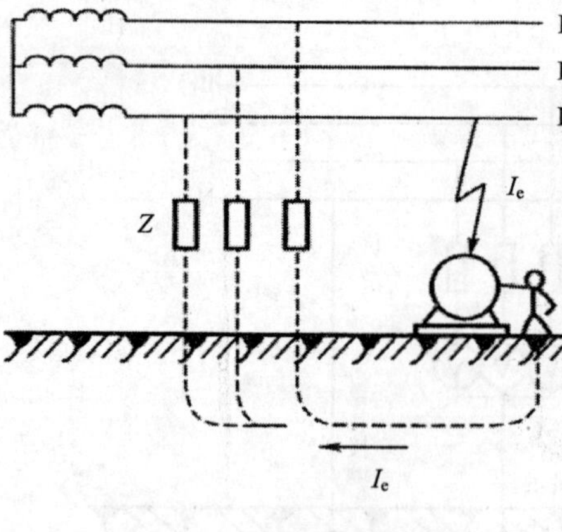

图 3-2　人体触电的示意图

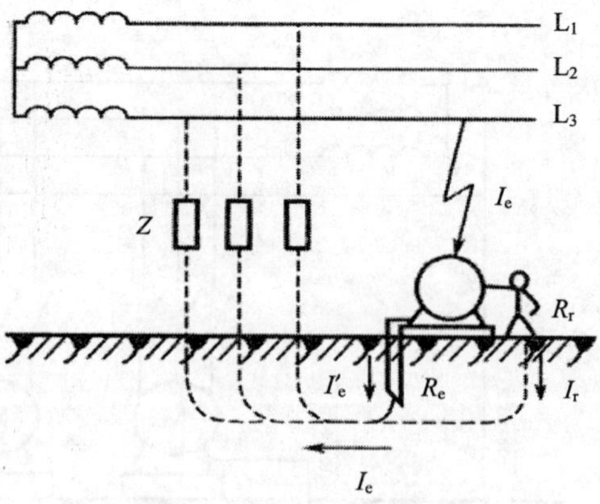

图 3-3　保护接地原理图

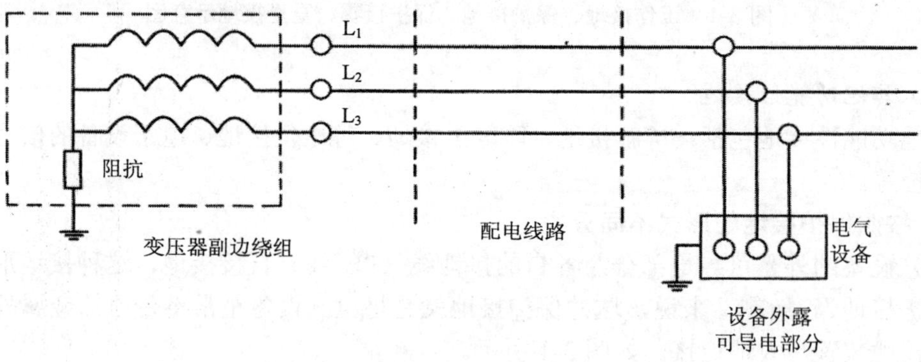

图 3-4　IT 系统

（二）TT 系统

在低压侧中性点直接接地系统中，当电气设备漏电，人体误触及漏电设备外壳时，就会造成触电事故。如图 3-5（a）所示。

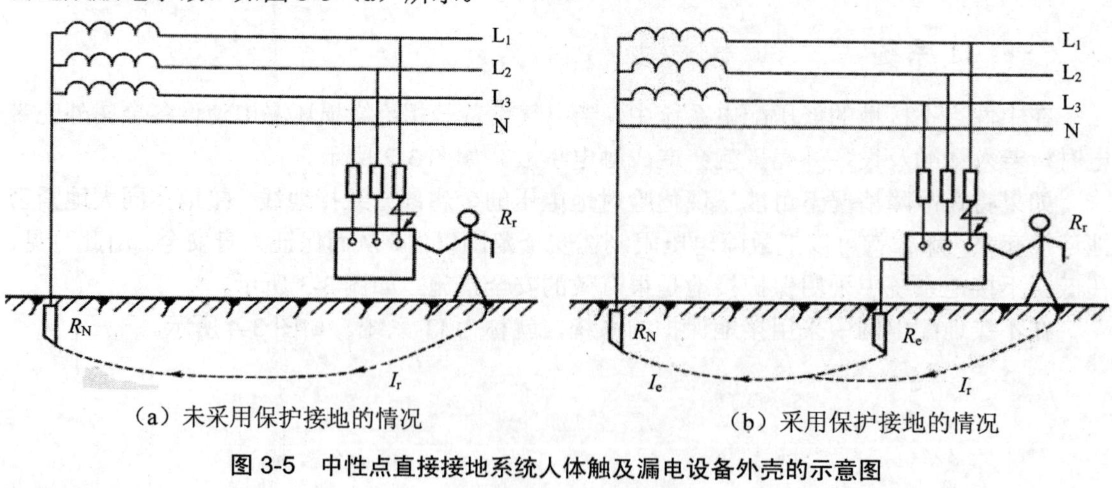

（a）未采用保护接地的情况　　（b）采用保护接地的情况

图 3-5　中性点直接接地系统人体触及漏电设备外壳的示意图

如果在此系统中的漏电设备上采用保护接地，如图 3-5（b）所示，那么就可能将故障电压降低，但故障电压仍不在安全范围以内，触电的危险性依然存在，从而无法保证人身安全。为了保证安全，所采用的保护接地应与低压配电系统的中性点直接接地无关。

在中性点直接接地的低压配电系统中，电气设备的外露可导电部分通过保护线接至与低压配电系统接地点无直接关联的接地极，这种系统就称为 TT 系统。如图 3-6 所示。

（三）TN 系统

从 TT 系统的分析可知，在中性点直接接地的低压配电系统中，如果电气设备不采取任何保护措施，当其中任何一相绝缘损坏而使设备外壳带电时，人体误触及设备外壳就有触电的危险，如图 3-5（a）所示。

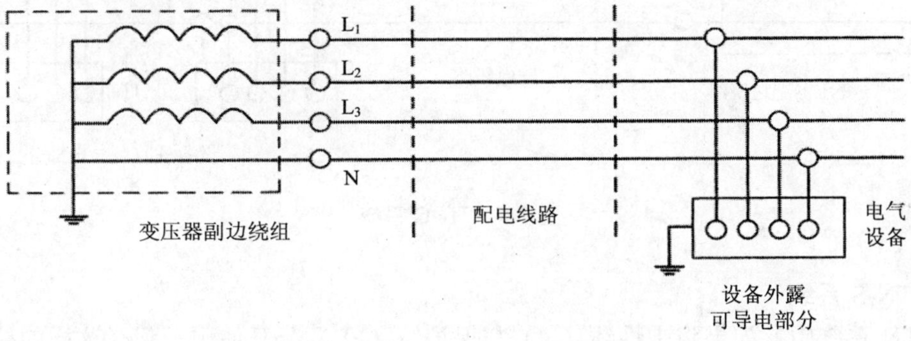

图 3-6　TT 系统

为了确保系统中人身的安全性，应将系统中的电气设备的金属外壳通过保护线直接与低压配电系统的零线（中性线）紧密连接。当电气设备的某相出现“碰壳”故障时，就形成相线和零线的短路；由于相—零回路阻抗很小，所以短路电流很大，使线路上的保护装置（如断路器、熔断器等）迅速动作，切断故障设备的电源，从而起到防止人身触电的保护作用，并减少设备损坏的机会。

在中性点直接接地的低压配电系统中，电气设备的外露可导电部分通过保护线（或中性线）接至低压配电系统的接地点的系统，统称为 TN 系统，又称为电气设备接零的保护接零系统。如图 3-7 所示。

图 3-7　保护接零原理图

根据中性线（N）和保护线（PE）组合方式的不同，TN 系统可以分为三种基本形式：TN-C 系统、TN-S 系统、TN-C-S 系统。

1．TN-C 系统

在 TN 系统中，如果将中性线（N）与保护线（PE）合一使用，这时中性线或零线要用 PEN 线表示，那么这种接零保护系统就称为 TN-C 系统，如图 3-8 所示。TN-C 系统是一种三相四线制供电系统。

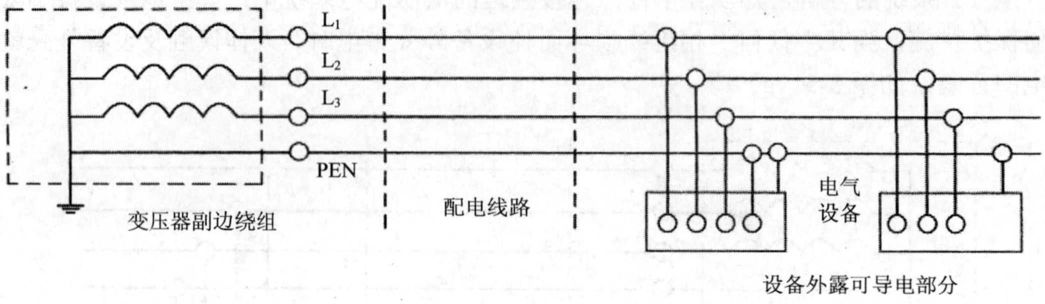

图 3-8　TN-C 系统

2．TN-S 系统

在 TN 系统中，如果将中性线（N）与保护线（PE）分开使用，那么这样的接零保护系统就称为 TN-S 系统，如图 3-9 所示。TN-S 系统是一种三相五线制供电系统。

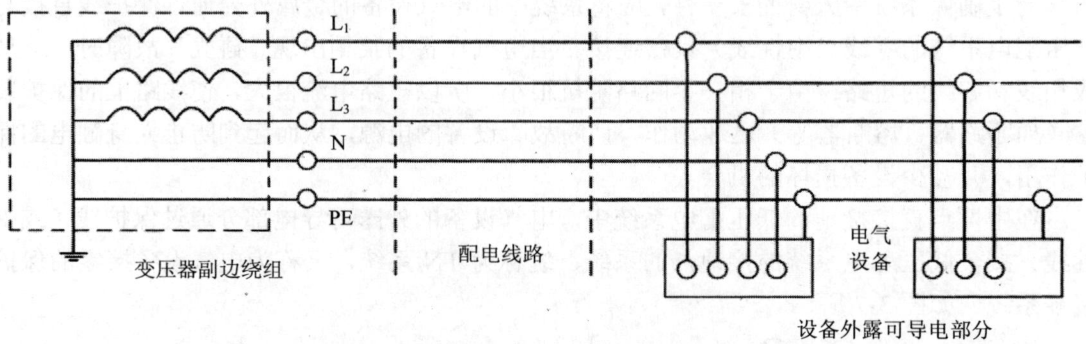

图 3-9　TN-S 系统

3．TN-C-S 系统

在 TN 系统中，如果前一部分（电源侧）中性线（N）与保护线（PE）合一的，后一部分（用电侧）中性线（N）与保护线（PE）分开的，那么这样的接零保护系统就称为 TN-C-S 系统，如图 3-10 所示。

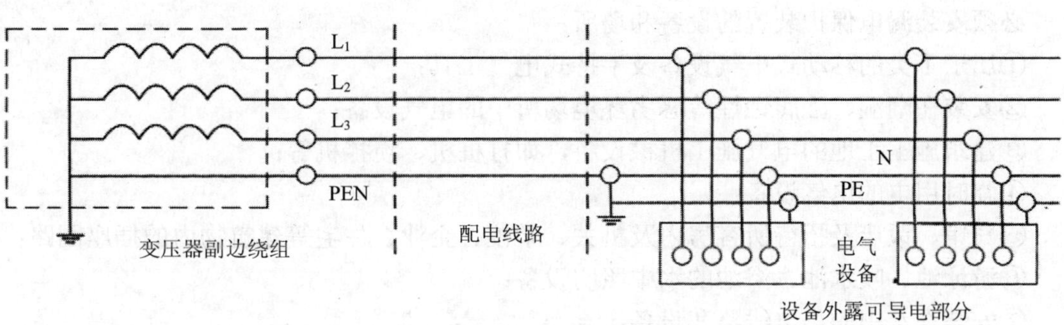

图 3-10　TN-C-S 系统

第三节　双重绝缘、加强绝缘、安全电压和漏电保护

安全电压、漏电保护、双重绝缘、加强绝缘和合理选用电气装置均属预防触电的安全措施，兼有直接接触触电和间接接触触电的防护功能。

一、安全电压

把可能加在人身上的电压限制在某一范围之内，使得在这种电压下，通过人体的电流不超过允许的范围，这种电压就叫做安全电压，也叫安全特低电压。这个电压的上限值，在任何情况下，两导体间或任一导体与地之间均不得超过有效值 50V。我国标准规定工频安全电压（有效值）额定值的电压等级为：42V、36V、24V、12V 和 6V。

我国规定适用于一般环境的安全电压为 36V，危险环境的安全电压为 24V，高度危险环境的安全电压为 12V，水上作业等特殊场所应采用 6V 的安全电压。

安全电压是用来防止触电事故的，但必须按规定使用，才能达到安全目的。

①除采用独立电源外，安全电压的供电电源的输入与输出电路必须实行电路上的隔离。

②工作在安全电压下的电路，必须与其他电气系统和任何无关的可导电部分实行电气上的隔离。

③当电气设备采用了 24V 以上的安全电压时，必须采取防止直接接触带电体的保护措施，其电路必须与大地绝缘。

二、漏电保护装置（防触电的安全卫士）

漏电保护器是一种在规定条件下电路中漏（触）电电流（mA）值达到或超过其规定值时能自动断开电路或发出报警的保护装置。它主要用来对有致命危险的人身低压触电进行保护，也可以用来防止由于电气设备接地短路引起的火灾和爆炸事故。近年来，把漏电保护、过流保护、过压保护和欠压保护、缺电保护等功能组合在一个装置内，同时起到多处保护作用。

漏电保护装置的动作灵敏、切断电源时间短，因此只要能够合理选用和正确安装、使用漏电保护装置，除了保护人身安全以外，还有防止电气设备损坏及预防火灾的作用。

必须安装漏电保护装置的设备和场所：

①属于Ⅰ类的移动式电气设备及手持式电气工具；

②安装在潮湿、强腐蚀性等恶劣环境场所中的电气设备；

③建筑施工工地的电气施工机械设备，如打桩机、搅拌机等；

④临时用电的电气设备；

⑤宾馆、饭店及招待所客房内及机关、学校、企业、住宅等建筑物内的插座回路；

⑥游泳池、喷水池、浴池的水中照明设备；

⑦安装在水中的供电线路和设备；

⑧医院在直接接触人体的电气医用设备；

⑨其他需要安装漏电保护器的场所。

选用漏电保护装置应首先根据保护对象的不同要求进行选型，既要保证在技术上有效，还应考虑经济上的合理性。不合理的选型不仅达不到保护目的，还会造成漏电保护装置的拒动作或误动作。正确合理地选用漏电保护装置，是实施漏电保护措施的关键。

三、双重绝缘和加强绝缘

双重绝缘是指工作绝缘（基本绝缘）和保护绝缘（附加绝缘）。前者是带电体与不可触及的导体之间的绝缘，是保证设备正常工作和防止触电的基本绝缘；后者是不可触及的导体与可触及的导体之间的绝缘，是当工作绝缘损坏后用于防止触电的绝缘。

加强绝缘是基本绝缘经改进后，在绝缘强度和机械性能上具备了与双重绝缘同等防触电能力的单一绝缘，在构成上可以包含一层或多层绝缘材料。

具有双重绝缘的电气设备属于Ⅱ类设备。Ⅱ类设备的电源连接线应按加强绝缘设计。Ⅱ类设备的工作绝缘的绝缘电阻不得低于 2 MΩ，保护绝缘的绝缘电阻不得低于 5MΩ，加强绝缘的绝缘电阻不得低于 7 MΩ。

四、合理选用电气装置

合理选用电气装置（设备），是减少触电危害和火灾爆炸事故的重要措施。在选用电气装置（设备）时，应根据不同的工作环境，从电气装置的结构及电气设备上，选用能防护所处工作环境的各种不同电气装置及电气设备。例如，在干燥少尘的环境，可采用开启式和封闭式电气装置（设备），在潮湿和多尘的环境中，应采用封闭式电气装置（设备）；在有腐蚀性气体的环境中，必须采用封闭式电气装置（设备）；在有易燃易爆危险的环境中，必须采用防爆式电气装置（设备）。

第四章
电气作业的安全措施

在电气设备上从事安装架设、操作运行、维护检修、试验检测等工作以及在电气设备附近工作时，为了保证电气工作的安全，电工应按安全要求进行作业，并采取保证安全作业的相应措施。

第一节　电气安全作业的基本要求

在电气设备上工作时都直接或间接地与带电体接触，这就关系到了人身安全，甚至会影响到他人的生命和国家财产的安全，因此，国家相关部门制定了有关制度和规程，以保证电气工作的安全，为此提出了如下基本要求：

①严格执行工作票制度，按规定程序进行组织，工作负责人必须了解掌握作业人员的情况，对身体不适、缺乏操作工作经验、有烦恼情况者，不能分配其重要的技术性工作和登高作业。

②必须做好组织工作，工作负责人应按规定提前填写工作票，经主管部门审批后方可停电，对已停电的设备及线路在完成现场安全措施后，负责人应进行全面检查，无误后方准开始工作。

③工作负责人在工作中对作业人员执行安全规程的情况进行监督，工作完毕应进行复查，并将工作情况与运行值班人员做好交接后方可送电。

④工作人员必须严格服从工作负责人的指挥，有疑问时应向负责人问清后方可工作，清楚工作范围及范围内的设备性能和电压等级。超出范围的工作未经许可不得擅自动手，对规定的安全措施不得任意变更。

⑤参加作业的全体人员在工作前或工作中都不准饮酒。工作中衣帽必须按规定穿戴整齐、精神集中，不准擅离职守。

⑥工作完毕应进行检查，清点工具和材料有无遗留在设备上，临时接地线是否已拆除，并向工作负责人报告完工，全体人员应退出现场。对不在现场的人员应设法通知后方准签工作票。送电后如发现有问题时，仍需按规定再次完成各项安全措施后方可复工。

⑦在高低压电气设备、线路上工作时，必须停电进行，对电容器和电缆在停电后应充分放电。因特殊情况需要带电工作时，应经有关部门批准后方可进行。

⑧严禁利用事故停电的机会进行检修工作。在同一线路设备上进行不同项目工作时，应分别停电挂牌。

⑨电气作业所使用的各种仪器仪表必须合乎要求，安全用具应定期检查、试验。工作

前应检查，合格后方可使用。

第二节　保证电气安全作业的组织措施

所谓组织措施，就是在进行电气工作时，将有关的部门和人员组织起来，加强联系、密切配合。在统一指挥下共同保证电气工作的安全。

在高低压电气设备上工作，保证安全的组织措施有以下内容：

①工作票制度；

②工作许可制度；

③工作监护制度；

④转移和终结制度。

一、工作票制度

工作票制度是准许在电气设备或线路上工作的书面命令。它是将需要检修、试验或进行其他工作的电气设备或线路填写在具有固定格式的书面上，作为进行工作的书面联系。

工作票制度可以使工作人员、运行人员都能明确自己的工作责任、工作范围、工作时间和工作地点，在工作情况发生变化时如何进行联系，在工作中必须采取哪些安全措施，并经有关人员认定合理后全面落实。它可以防止工作的盲目性、临时性和错误操作，提高安全可靠性，保证工作人员的安全。

（一）工作票的使用范围

1．高压设备上工作

在高压电气设备上工作时必须遵守《电力安全工作规程》（发电厂和变电站电气部分）（GB 26860—2011）和其他有关规定。根据工作内容的不同，应填写不同的工作票。

①在高压电气设备上工作需要全部停电或部分停电的；在高压室内的二次接线和照明等回路上的工作，需要将高压电气设备停电或采取安全措施的。应填写第一种工作票。

②带电作业或在带电设备外壳上工作的；在控制盘或低压配电盘、配电箱、电源干线上工作的；在二次接线回路上工作，无需将高压设备停电的；非值班人员用绝缘棒和电压互感器定相或用钳形电流表测量高压回路电流的。应填写第二种工作票。

③其他工作用口头或电话命令。

2．低压设备上工作

为了保证低压电气工作的安全，一般运行设备或线路停电检修工作需填写其相应的工作票。执行工作票制度的工作内容为：

①低压线路全部或部分检修、试验；

②配电变压器低压侧配电盘（箱）的大修或更换；

③配电变压器至配电室（箱）的架空导线、电缆的大修或更换；

④配电室配电盘（箱）上的空气开关或电磁开关、三极开关、漏电保护器和计量装置

的大修或更换。

（二）工作票的填写与签发

①工作票应使用黑色或蓝色的钢（水）笔或圆珠笔填写与签发，一式两份，内容应正确，填写应清楚，不得任意涂改。如有个别错、漏字需要修改，应使用规范的符号，字迹应清楚。

②用计算机生成或打印的工作票应使用统一的票面格式，由工作票签发人审核无误，手工或电子签名后方可执行。

工作票一份应保存在工作地点，由工作负责人收执；另一份由工作许可人收执，按值移交。工作许可人应将工作票的编号、工作任务、许可及终结时间记入登记簿。

③一张工作票中，工作票签发人、工作负责人和工作许可人三者不得互相兼任。

④工作票由工作负责人填写，也可以由工作票签发人填写。

⑤工作票由设备运行单位签发，也可由经设备运行单位审核合格且经批准的修试及基建单位签发。修试及基建单位的工作票签发人及工作负责人名单应事先送有关设备运行单位备案。

⑥承发包工程中，工作票可实行“双签发”形式。签发工作票时，双方工作票签发人在工作票上分别签名，各自承担本规程工作票签发人相应的安全责任。

⑦工作票所列工作地点超过两个，或有两个及以上不同的工作单位（班组）在一起工作时，可采用总工作票和分工作票。总、分工作票应由同一个工作票签发人签发。

总工作票上所列的安全措施应包括所有分工作票上所列的安全措施。几个班同时进行工作时，总工作票的工作班成员栏内，只填明各分工作票的负责人，不必填写全部工作人员姓名。分工作票上要填写工作班人员姓名。

分工作票应一式两份，由总工作票负责人和分工作票负责人分别收执。分工作票的许可和终结，由分工作票负责人与总工作票负责人办理。分工作票必须在总工作票许可后才可许可；总工作票必须在所有分工作票终结后才可终结。

⑧供电单位或施工单位到用户变电站内施工时，工作票应由有权签发工作票的供电单位、施工单位或用户单位签发。

（三）工作票的使用

①一个工作负责人不能同时执行多张工作票，工作票上所列的工作地点，以一个电气连接部分为限。

②一张工作票上所列的检修设备应同时停、送电，开工前工作票内的全部安全措施应一次完成。若至预定时间，一部分工作尚未完成，需继续工作而不妨碍送电者，在送电前，应按照送电后现场设备带电情况，办理新的工作票，布置好安全措施后，方可继续工作。

③若以下设备同时停、送电，可使用同一张工作票：

一是属于同一电压、位于同一平面场所，工作中不会触及带电导体的几个电气连接部分。

二是一台变压器停电检修，其断路器也配合检修。

三是全站停电。

④同一变电站内在几个电气连接部分上依次进行不停电的同一类型的工作，可以使用一张第二种工作票。

⑤需要变更工作班成员时，应经工作负责人同意，在对新的作业人员进行安全交底手续后，方可进行工作。非特殊情况不得变更工作负责人，如确需变更工作负责人应由工作票签发人同意并通知工作许可人，工作许可人将变动情况记录在工作票上。工作负责人允许变更一次。原、现工作负责人应对工作任务和安全措施进行交接。

⑥在原工作票的停电及安全措施范围内增加工作任务时，应由工作负责人征得工作票签发人和工作许可人同意，并在工作票上增填工作项目。若需变更或增设安全措施者应填用新的工作票，并重新履行签发许可手续。

⑦变更工作负责人或增加工作任务，如工作票签发人无法当面办理，应通过电话联系，并在工作票登记簿和工作票上注明。

⑧高压作业的第一种工作票应在工作前一日送达运行人员，可直接送达或通过传真、局域网传送，但传真传送的工作票许可应待正式工作票到达后履行。临时工作可在工作开始前直接交给工作许可人。

高压作业的第二种工作票、带电作业工作票和低压作业工作票可在进行工作的当天预先交给工作许可人。

⑨工作票有破损不能继续使用时，应补填新的工作票，并重新履行签发许可手续。

（四）工作票的有效期与延期

①工作票的有效时间，以批准的检修期为限。

②工作票需办理延期手续，应在工期尚未结束以前由工作负责人向运行值班负责人提出申请，由运行值班负责人通知工作许可人给予办理。高压作业的第一、第二种工作票只能延期一次；带电作业工作票和低压作业工作票不准延期。

（五）工作票所列人员的基本条件

①工作票的签发人应是熟悉人员技术水平、熟悉设备情况、熟悉本规程，并具有相关工作经验的生产领导人、技术人员或经本单位分管生产领导批准的人员。工作票签发人员名单应书面公布。

②工作负责人（监护人）应是具有相关工作经验，熟悉设备情况和本规程，经工区（所、公司）生产领导书面批准的人员。工作负责人还应熟悉工作班成员的工作能力。

③工作许可人应是经工区（所、公司）生产领导书面批准的有一定工作经验的运行人员或检修操作人员（进行该工作任务操作及做安全措施的人员）；用户变、配电站的工作许可人应是持有效证书的高压电气工作人员。

④专责监护人应是具有相关工作经验，熟悉设备情况和本规程的人员。

（六）工作票中所列人员的安全责任

1. 工作票签发人

①工作必要性和安全性。

②工作票上所填安全措施是否正确完备。

③所派工作负责人和工作班人员是否适当和充足。

2．工作负责人（监护人）

①正确安全地组织工作。

②负责检查工作票所列安全措施是否正确完备，是否符合现场实际条件，必要时予以补充。

③工作前对工作班成员进行危险点告知，交代安全措施和技术措施，并确认每一个工作班成员都已知晓。

④严格执行工作票所列安全措施。

⑤督促、监护工作班成员遵守本规程，正确使用劳动防护用品和执行现场安全措施。

⑥工作班成员精神状态是否良好，变动是否合适。

3．工作许可人

①负责审查工作票所列安全措施是否正确、完备，是否符合现场条件。

②工作现场布置的安全措施是否完善，必要时予以补充。

③负责检查检修设备有无突然来电的危险。

④对工作票所列内容即使发生很小疑问，也应向工作票签发人询问清楚，必要时应要求作详细补充。

4．专责监护人

①明确被监护人员和监护范围。

②工作前对被监护人员交代安全措施，告知危险点和安全注意事项。

③监督被监护人员遵守本规程和现场安全措施，及时纠正不安全行为。

5．工作班成员

①熟悉工作内容、工作流程，掌握安全措施，明确工作中的危险点，并履行确认手续。

②严格遵守安全规章制度、技术规程和劳动纪律，对自己在工作中的行为负责，互相关心工作安全，并监督本规程的执行和现场安全措施的实施。

③正确使用安全工器具和劳动防护用品。

二、工作许可制度

①工作许可人在完成施工现场的安全措施后，还应完成以下手续，工作班方可开始工作：

一是会同工作负责人到现场再次检查所做的安全措施，对具体的设备指明实际的隔离措施，证明检修设备确无电压。

二是对工作负责人指明带电设备的位置和注意事项。

三是和工作负责人在工作票上分别确认、签名。

②运行人员不得变更有关检修设备的运行接线方式。工作负责人、工作许可人任何一方不得擅自变更安全措施，工作中如有特殊情况需要变更时，应先取得对方的同意并及时恢复。变更情况及时记录在值班日志内。

三、工作监护制度

①工作许可手续完成后，工作负责人、专责监护人应向工作班成员交代工作内容、人

员分工、带电部位和现场安全措施，进行危险点告知，并履行确认手续，工作班方可开始工作。工作负责人、专责监护人应始终在工作现场，对工作班人员的安全认真监护，及时纠正不安全的行为。

②所有工作人员（包括工作负责人）不许单独进入、滞留在高压室、阀厅内和室外高压设备区内。

若工作需要（如测量极性、回路导通试验、光纤回路检查等），而且现场设备允许时，可以准许工作班中有实际经验的一人或几人同时在一室进行工作，但工作负责人应在事前将有关安全注意事项予以详尽的告知。

③工作负责人在全部停电时，可以参加工作班工作。在部分停电时，只有在安全措施可靠，人员集中在一个工作地点，不致误碰有电部分的情况下，方能参加工作。

工作票签发人或工作负责人，应根据现场的安全条件、施工范围、工作需要等具体情况，增设专责监护人和确定被监护的人员。

专责监护人不得兼做其他工作。专责监护人临时离开时，应通知被监护人员停止工作或离开工作现场，待专责监护人回来后方可恢复工作。若专责监护人必须长时间离开工作现场时，应由工作负责人变更专责监护人，履行变更手续，并告知全体被监护人员。

④工作期间，工作负责人若因故暂时离开工作现场时，应指定能胜任的人员临时代替，离开前应将工作现场交代清楚，并告知工作班成员。原工作负责人返回工作现场时，也应履行同样的交接手续。

若工作负责人必须长时间离开工作现场，应由原工作票签发人变更工作负责人，履行变更手续，并告知全体工作人员及工作许可人。原、现工作负责人应做好必要的交接。

四、工作间断、转移和终结制度

①工作间断时，工作班人员应从工作现场撤出，所有安全措施保持不动，工作票仍由工作负责人执存，间断后继续工作，无需通过工作许可人。每日收工，应清扫工作地点，开放已封闭的通道，并将工作票交回运行人员。次日复工时，应得到工作许可人的许可，取回工作票，工作负责人应重新认真检查安全措施是否符合工作票的要求，并召开现场站班会后，方可工作。若无工作负责人或专责监护人带领，作业人员不得进入工作地点。

②在未办理工作票终结手续以前，任何人员不准将停电设备合闸送电。

在工作间断期间，若有紧急需要，运行人员可在工作票未交回的情况下合闸送电，但应先通知工作负责人，在得到工作班全体人员已经离开工作地点、可以送电的答复后方可执行，并应采取下列措施：

一是拆除临时遮栏、接地线和标示牌，恢复常设遮栏，换挂“止步，高压危险！”的标示牌。

二是应在所有道路派专人守候，以便告诉工作班人员“设备已经合闸送电，不得继续工作”。守候人员在工作票未交回以前，不得离开守候地点。

③检修工作结束以前，若需将设备试加工作电压，应按下列条件进行：

一是全体工作人员撤离工作地点。

二是将该系统的所有工作票收回，拆除临时遮栏、接地线和标示牌，恢复常设遮栏。

三是应在工作负责人和运行人员进行全面检查无误后，由运行人员进行加压试验。

工作班若需继续工作时，应重新履行工作许可手续。

④在同一电气连接部分用同一工作票依次在几个工作地点转移工作时，全部安全措施由运行人员在开工前一次做完，不需再办理转移手续。但工作负责人在转移工作地点时，应向工作人员交代带电范围、安全措施和注意事项。

⑤全部工作完毕后，工作班应清扫、整理现场。工作负责人应先周密地检查，待全体工作人员撤离工作地点后，再向运行人员交代所修项目、发现的问题、试验结果和存在的问题等，并与运行人员共同检查设备状况、状态，有无遗留物件，是否清洁等，然后在工作票上填明工作结束时间。经双方签名后，表示工作终结。

待工作票上的临时遮栏已拆除，标示牌已取下，已恢复常设遮栏，未拆除的接地线、未拉开的接地刀闸（装置）等设备运行方式已汇报调度，工作票方告终结。

⑥只有在同一停电系统的所有工作票都已终结，并得到值班调度员或运行值班负责人的许可指令后，方可合闸送电。

⑦已终结的工作票、事故应急抢修单应保存 1 年。

第三节　保证电气安全作业的技术措施

为了防止停电工作的设备上突然来电，防止工作人员由于身体或使用的工具接近邻近设备的带电部分超过允许的安全距离，防止由于工作中不注意而走到带电运行的设备上，以致造成触电，对于在全部停电或部分停电的电气设备上工作时，必须完成下列保证安全的技术措施：①停电；②验电；③装设临时接地线；④悬挂标示牌和装设遮栏。

一、停电

工作地点，必须停电的设备如下：

①检修的设备。

②与工作人员在进行工作中正常活动范围的距离小于表 4-1 规定的设备。

表 4-1　电气工作人员工作中正常活动范围与带电设备的安全距离

电压等级/kV	10 及以下（13.8）	20～35	60～110	154	220	330	500
安全距离/m	0.35	0.60	1.50	2.00	3.00	4.00	5.00

③在 35 kV 以下的设备上进行工作，安全距离虽大于表 4-1 的规定但小于表 4-2 的规定，同时又无遮栏措施的设备。

表 4-2　设备不停电时的安全距离

电压等级/kV	10 及以下（13.8）	20～35	60～110	154	220	330	500
安全距离/m	0.70	1.00	1.50	2.00	3.00	4.00	5.00

④带电部分在工作人员后面、两侧、上下，且无可靠安全措施的设备。

⑤其他需要停电的设备。

检修设备停电，应把各方面的电源完全断开（任何运行中的星形接线设备的中性点，应视为带电设备）。禁止在只经断路器（开关）断开电源的设备上工作，必须拉开隔离开关（刀闸），使各方面至少有一个明显的断开点，若无法观察到停电设备的断开点，应有能够反映设备运行状态的电气和机械等指示。与停电设备有关的变压器和电压互感器，应将设备各侧断开，防止向停电检修设备反送电。

检修设备和可能来电侧的断路器（开关）、隔离开关（刀闸）应断开控制电源和合闸电源，隔离开关（刀闸）操作把手应锁住，确保不会误送电。

对难以做到与电源完全断开的检修设备，可以拆除设备与电源之间的电气连接。

二、验电

①验电时，应使用相应电压等级、合格的接触式验电器，在装设接地线或合接地刀闸（装置）处对各相分别验电。验电前，应先在有电设备上进行试验，确证验电器良好；无法在有电设备上进行试验时可用工频高压发生器等确证验电器良好。

②高压验电应戴绝缘手套。验电器的伸缩式绝缘棒长度应拉足，验电时手应握在手柄处不得超过护环，人体应与验电设备保持表 4-2 中规定的距离。雨雪天气时不得进行室外直接验电。

③表示设备断开和允许进入间隔的信号、经常接入的电压表等，如果指示有电，则禁止在设备上工作。

三、装设临时接地线

①当验明设备确已无电压后，应立即将检修设备接地并三相短路。这是保护工作人员在工作地点防止突然来电的可靠安全措施，同时设备断开部分的剩余电荷，亦可因接地而放尽。

②对于可能送电至停电设备的各方面都应装设接地线或合上接地刀闸（装置），所装接地线与带电部分应考虑接地线摆动时仍符合安全距离的规定。

③检修母线时，应根据母线的长短和有无感应电压等实际情况确定地线数量。检修 10 米及以下的母线，可以只装设一组接地线。在门形架构的线路侧进行停电检修，如工作地点与所装接地线的距离小于 10 m，工作地点虽在接地线外侧，也可不另装接地线。

④检修部分若分为几个在电气上不相连接的部分（如分段母线以隔离开关或断路器隔开分成几段），则各段应分别验电并接地短路。接地线与检修部分之间不得连有断路器或熔断器。降压变电所全部停电时，应将各个可能来电侧的部分接地短路，其余部分不必每段都装设接地线。

⑤在室内配电装置上，接地线应装在该装置导电部分的规定地点，这些地点的油漆应刮去，并划下黑色记号。所有配电装置的适当地点，均应设有接地网的接头。接地电阻必须合格。

⑥装设接地线必须由两个人进行。若为单人值班，只允许使用接地刀闸接地，或使用绝缘棒合接地刀闸。

⑦装设接地线必须先接接地端，后接导体端，且必须接触良好。拆除地线的顺序与此相反。装、拆接地线均应使用绝缘棒和戴绝缘手套。

⑧接地线应用多股软裸铜线，其截面应符合短路电流的要求，但不得小于 25 mm^2。接地线在每次装设以前应经过详细检查，损坏的接地线应及时修理或更换。禁止使用不符合规定的导线作接地或短路之用。接地线必须使用专用的线夹固定在导体上。严禁用缠绕的方法进行接地或短路。

⑨在高压回路上的工作，需要拆除全部或一部分接地线后才能进行工作的（如测量母线和电缆的绝缘电阻，检查开关触头是否同时接触），如以下工作：

一是拆除一相接地线。

二是拆除接地线，保留短路线。

三是将接地线全部拆除或拉开接地刀闸。

必须征得运行人员的许可方可进行。工作完毕后立即恢复。

⑩每组接地线均应编号，并存放在固定地点。存放位置亦应编号，接地线号码与存放位置号码必须一致。

⑪装、拆接地线，应做好记录，交接班时应交代清楚。

四、悬挂标示牌和装设遮栏（围栏）

①在一经合闸即可送电到工作地点的断路器（开关）和隔离开关（刀闸）的操作把手上均应悬挂“禁止合闸、有人工作！”的标示牌。如果线路上有人工作，应在线路断路器和隔离开关操作把手上悬挂“禁止合闸、线路有人工作！”的标示牌。标示牌的悬挂和拆除应按调度员的命令执行。

②部分停电的工作，安全距离小于表 4-2 规定距离的未停电设备应装设临时遮栏。临时遮栏与带电部分的距离不得小于表 4-1 中的规定数值。临时遮栏可用干燥木材、橡胶或其他坚韧绝缘材料制成，装设应牢固，并悬挂“止步，高压危险！”的标示牌。

35 kV 及以下设备的临时遮栏，如因工作特殊需要，可用绝缘挡板与带电部分直接接触。但此种挡板必须具有高度的绝缘性能。

③在室内高压设备上工作，应在工作地点两旁及对面运行设备间隔的遮栏（围栏）上和禁止通行的过道遮栏（围栏）上悬挂“止步，高压危险！”的标示牌。

④高压开关柜内手车开关拉出后，隔离带电部位的挡板封闭后禁止开启，并设置“止步，高压危险！”的标示牌。

⑤在室外高压设备上工作，应在工作地点四周装设围栏，其出入口要围至临近道路旁边，并设有“从此进出！”的标示牌。工作地点四周围栏上悬挂适当数量的“止步，高压危险！”标示牌，标示牌应朝向围栏里面。若室外配电装置的大部分设备停电，只有个别地点保留有带电设备而其他设备无触及带电导体的可能时，可以在带电设备四周装设全封闭围栏，围栏上悬挂适当数量的“止步，高压危险！”标示牌，标示牌应朝向围栏外面。禁止越过围栏。

⑥在工作地点设置“在此工作！”的标示牌。

⑦在室外构架上工作，则应在工作地点邻近带电部分的横梁上，悬挂“止步，高压危险！”的标示牌。此项标示牌在值班人员的监护下，由工作人员悬挂。在工作人员上下铁

架或梯子上，应悬挂“从此上下！”的标示牌。在邻近其他可能误登的带电构架上，应悬挂“禁止攀登，高压危险！”的标示牌。

⑧禁止工作人员擅自移动或拆除遮栏（围栏）、标示牌。因工作原因必须短时移动或拆除遮栏（围栏）、标示牌，应征得工作许可人同意，并在工作负责人的监护下进行，完毕后应立即恢复。

第五章
电气设备的安全

第一节　电气设备安全的基本要求

一、电气安全工作的内容

①研究并采取各种有效的安全技术措施。
②研究并推广先进的电气安全技术，提高电气安全水平。
③制定并贯彻安全技术标准和安全技术规程。
④建立并执行各种安全管理制度。
⑤开展有关电气安全思想和电气安全知识的教育工作。
⑥分析事故实例，从中找出事故原因和规律。

二、保证用电安全的基础要素

（一）电气绝缘

保持电气设备和配电线路的绝缘良好，是保证人身安全和电气设备正常运行的最基本要素。电气绝缘的性能是否良好，可通过测量其绝缘电阻、耐压强度、泄漏电流和介质损耗等参数来衡量。

（二）安全距离

电气安全距离，是指人体、物体等接近带电体而不发生危险的安全可靠距离。如带电体与地面之间、带电体与带电体之间、带电体与人体之间、带电体与其他设施和设备之间，均应保持一定距离。通常，在配电线路和变、配电装置附近工作时，应考虑线路安全距离，变、配电装置安全距离，检修安全距离和操作安全距离等。

（三）安全载流量

导体的安全载流量，是指允许持续通过导体内部的电流量。持续通过导体的电流如果超过安全载流量，导体的发热将超过允许值，导致绝缘损坏，甚至引起漏电和发生火灾。因此，根据导体的安全载流量确定导体截面和选择设备是十分重要的。

（四）标志

明显、准确、统一的标志是保证用电安全的重要因素。标志一般有颜色标志、标示牌标志和型号标志等。颜色标示表示不同性质、不同用途的导线；标示牌标志一般作为危险场所的标志；型号标志作为设备特殊结构的标志。

三、安全技术方面对电气设备的基本要求

电气事故统计资料表明，由于电气设备的结构有缺陷，安装质量不佳，不能满足安全要求而造成的事故所占比例很大。因此，为了确保人身和设备安全，在安全技术方面对电气设备有以下要求：

①对裸露于地面和人身容易触及的带电设备，应采取可靠的防护措施。

②设备的带电部分与地面及其他带电部分应保持一定的安全距离。

③易产生过电压的电力系统，应有避雷针、避雷线、避雷器、保护间隙等过程电压保护装置。

④低压电力系统应有接地、接零保护装置。

⑤对各种高压用电设备应采取装设高压熔断器和断路器等不同类型的保护措施；对低压用电设备应采用相应的低压电器保护措施进行保护。

⑥在电气设备的安装地点应设安全标志。

⑦根据某些电气设备的特性和要求，应采取特殊的安全措施。

四、电气设备安全运行措施

①必须严格遵守操作规程，合上电流时，先合隔离开关，再合负荷开关，分断电流时，先断负荷开关，再断隔离开关。

②电气设备一般不能受潮，在潮湿场合使用时，要有防雨水和防潮措施。电气设备工作时会发热，应有良好的通风散热条件和防火措施。

③所有电气设备的金属外壳应有可靠的保护接地。电气设备运行时可能会出现故障，所以应有短路保护、过载保护、欠压和失压保护等保护措施。

④凡有可能被雷击的电气设备，都要安装防雷措施。

⑤对电气设备要做好安全运行检查工作，对出现故障的电气设备和线路应及时检修。

第二节　低压电气设备安全

一、低压电器的安全要求

低压电器可分为控制电器和保护电器。

（一）低压控制电器通用安全要求

控制电器主要用来接通和断开线路，以及用来控制用电设备，比如：刀开关、低压断

路器、减压启动器、电磁启动器等。虽然低压控制电器种类很多，不同控制电器各有自己的特点，其安全要求也不完全一样；但是，由于控制电器都具有接通和断开线路的功能，其相互之间有很多共同之处。其共同的安全要求如下：

①电压、电流、断流容量、操作频率、温升等运行参数符合要求。

②结构形式与使用的环境条件相适应。

③灭弧装置（包括灭弧罩、灭弧触头、灭弧用绝缘板）完好。

④触头接触表面光洁，接触紧密并有足够的接触压力。各极触头应当同时动作。

⑤防护完善，门（或盖）上的联锁装置可靠，外壳、手柄、漆层无变形和损伤。

⑥安装合理、牢固，操作方便，且能防止自行合闸，与临近设施的间距符合安装要求。一般情况下，电源线应接在固定触头上。接线应紧密，接触应良好，电压 500V 及其以下者不同相间最小净距为 10 mm，500V 以上至 1 200V 及其以下者为 14mm。

⑦正常时不带电的金属部分接地（或接零）良好。

⑧绝缘电阻符合要求。

（二）低压保护电器安全要求

保护电器主要用来获取、转换和传递信号，并通过其他电器对电路实现保护控制，其主要包括熔断器、热继电器、电磁式过电流继电器以及低压断路器、减压启动器、电磁接触器里安装的各种脱扣器等。保护电器的安全使用关键在于保护电器的选择是否合理，保护电器选择的通用要求是：

①保护电器必须是符合国家标准的产品。

②保护电器的额定电压应与所在配电回路的标称电压相适应；

③保护电器的额定电流不应小于该配电回路的计算电流；

④保护电器的额定频率应与配电系统的频率相适应；

⑤保护电器要切断短路故障电流，应满足短路条件下的动稳定和热稳定要求，还必须具备足够的通断能力；

⑥考虑保护电器安装场所的环境条件，以选择相适应防护等级（IP 等级）的产品。

此外，在高海拔地区（如海拔高度超过 2 000 m）应选用高海拔的产品，或者采取必须的技术措施。在靠近海边的地方，应使用防盐雾的产品。

（三）低压配电屏的安全要求

低压配电屏又叫开关屏或配电盘、配电柜，它是将低压电路所需的开关设备、测量仪表、保护装置和辅助设备等，按一定的接线方案安装在金属柜内构成的一种组合式电气设备，用以进行控制、保护、计量、分配和监视等。

1. 低压配电屏巡视检查

为了保证对用电场所的正常供电，对配电屏上的仪表和电器应经常进行检查和维护，并做好记录，以便随时分析运行及用电情况，及时发现问题和消除隐患。

对运行中的低压配电屏，通常应检查以下内容：

①配电屏及电屏上的电气元件的名称、标志、编号等不得模糊、错误，盘上所有的操作把手、按钮和按键等的位置与现场实际情况不得不相符，固定不得松动，操作不得迟缓。

②检查配电屏上表示“合”、“分”等信号灯和其他信号指示是否正确。

③隔离开关、断路器、熔断器和互感器等的触点是否牢靠，有无过热、变色现象。

④二次回路导线的绝缘不得破损、老化，并要测其绝缘阻。

⑤配电屏上标有操作模拟板时，模拟板与现场电气设备的运行状态是否对应。

⑥仪表或表盘玻璃不得松动，仪表指示不得错误，并清扫仪表和其他电器上的灰尘。

⑦配电室内的照明灯具是否完好，照度是否明亮均匀，观察仪表有无眩光。

⑧巡视检查中发现的问题应及时处理，并记录。

2．低压配电装置安全运行

①对低压配电装置的有关设备，应定期清扫和摇测绝缘电阻（对工作环境较差的应适当增加次数），如用 500 V 兆欧表测量母线、断路器、接触器和互感器的绝缘电阻，以及二次回路的对地绝缘电阻等均应符合规程要求。

②低压断路器故障跳闸后，应检修或更换触头和灭弧罩，在没有查明并消除跳闸原因前，不得再次合闸运行。

③对频繁操作的交流接触器，每三个月进行检查，测试项目有：检查时应清扫一次触头和灭弧栅，检查三相触头是否同时闭合或分断，摇测相间绝缘电阻。

④定期校验交流接触器的吸引线圈，在线路电压为额定值的 85%～105%时吸引线圈应可靠吸合，而电压低于额定值的 40%时则应可靠地释放。

⑤经常检查熔断器的熔体与实际负荷是否相匹配，各连接点接触是否良好，有无烧损现象，并在检查时清除各部位的积灰。

⑥注意铁壳开关的机械闭锁不得异常，速动弹簧不得锈蚀、变形。

⑦检查三相瓷底胶盖刀闸是否符合要求，用作总开关的瓷底闸内的熔体是否已更换为铜或铝导线，在开关的出线侧是否加装了熔断器与之配合使用。

二、用电设备的安全要求

（一）电动机的安全

电动机是工业企业最常用的用电设备，其作用是把电能转换为机械能。由于电动机在各方面被广泛应用，并且在厂矿企业中电动机消耗的电能占总能耗量的 50%以上；所以电动机的安全运行是保证厂矿企业正常生产的基本条件之一。

1．电动机运行的基本要求

电动机在运行时，其电压、电流、频率、温升等运行参数应符合要求。

①电动机的电压波动不得太大。由于三相电压的波动对电动机转矩的影响很大，所以电压波动不得超过额定电压的–5%～10%。

②电动机的三相电压不平衡不得太大。由于三相电压不平衡会引起电动机额外的发热，所以三相电压不平衡不得超过 5%。

③三相电流不平衡不得太大。当各项电流均未超过额定电流时，三相最大不平衡电流不得超过额定电流的 10%。

④当环境温度为 35℃时，电动机的允许温升可参考表 5-1 所列数值；环境温度低于 35℃时，电动机功率可增加（35–t）%，但最多不得超过 8%～10%；环境温度高于 35℃时，

电动机功率应降低（t–35）%。

⑤电动机的各项绝缘指标应符合相关规定的要求，其绝缘电阻亦可参见表 5-2。

⑥电动机振动的双幅值不应超过 0.05～0.12 mm。

⑦电动机的声音应当轻而均匀；电动机的滑动接触处只允许有不连续的或微弱的火花。

表 5-1　电动机允许温升　（单位：℃）

部　位	绝缘等级					测量方法
	A	E	B	F	H	
绕　组	70	85	95	105	130	电阻法
铁　芯	70	85	95	105	130	温度计法
滑　环	70					温度计法
滚动轴承	80					温度计法
滑动轴承	45					温度计法

表 5-2　电动机绝缘电阻允许值

额定电压/V	6 000			＜500			≤42		
绕组温度/℃	20	45	75	20	45	75	20	45	75
交流电动机定子绕组/MΩ	25	15	6	3	1.5	0.5	0.15	0.1	0.05
线绕式转子绕组和滑换/MΩ	—	—	—	3	1.5	0.5	0.15	0.1	0.05
直流电动机电枢绕组和换向器/MΩ	—	—	—	3	1.5	0.5	0.15	0.1	0.05

⑧直流电动机在运行时，其换向器上可能出现火花。如无特殊要求，且在额定工作状态下运行时，滑动接触处的火花不应大于$1\frac{1}{2}$级，在短时过电流时或短时过转矩时不应大于 2 级，仅在无变阻器直接启动或逆转瞬间允许达到 3 级。各级火花特征如下：

$1\frac{1}{4}$ 级——电刷边缘小部分有轻弱的火花或红色小火花；

$1\frac{1}{2}$ 级——电刷边缘大部分或全部有轻弱的火花；

2 级——电刷边缘全部或大部有较强烈的火花；

3 级——电刷整个边缘有强烈的火花并有大火花飞出。

2．电动机启动前的安全要求

（1）对新投入或大修后投入运行的电动机的安全要求

①三相交流电动机定子绕组、线绕式导步电动机的转子绕组的三相直流电阻偏差应不小于 2%；对某些只要换个别线圈的电动机，其直流电阻偏差应不超过 5%，但当电源的三相电压平衡时，三相电流中任一相与三相平均值的偏差不得超过 10%。

②直流电动机电枢绕组与换向片焊接后，片间电阻相差应小于 5%～8%。

③电动机定子与转子之间的气隙不均匀度不允许超过表 5-3 所列的数值。

表 5-3 电动机定子与转子间气隙不均匀度允许值

公称气隙/mm	不均匀度
0.2～0.5	±25%
0.5～0.75	±20%
0.75～1.0	±18%
1.0～1.3	±15%
＞1.40	±10%

④直流电动机或滑动环式电动机的换向器、滑环的电刷及刷架应完好，弹簧压力及电刷与刷盒的配合以及电刷与滑环或换向器的接触面应符合要求。

⑤电动机绕组的绝缘电阻应符合规定，电动机的绝缘电阻一般应大于表 5-2 的规定。

（2）长时间（如 3 个月以上）停用的电动机，投入运行前的安全要求

①用手电筒检查内部是否清洁，有无脏物，并用压缩空气（不超过两个大气压）或“皮老虎”吹扫干净。

②检查线路电压和电动机接法是否符合铭牌规定，电动机引出线与线路连接是否牢固，有无松动或脱落，机壳接地是否可靠。

③熔断器、断电保护装置、信号保护装置、自动控制装置均应调试到符合要求。

④检查电动机润滑系统。油质是否符合标准，有无缺油现象。对于强迫润滑的电动机，启动前还应检查油路系统有无阻塞，油温是否合适，物质循环油量是否合乎要求。电动机应经过试运行正常后方可启动。

⑤各紧固螺丝不得松动。

⑥测量绝缘电阻是否符合规定要求。

⑦检查传动装置。皮带不得过松或过紧，连接要可靠，无伤裂迹象，联轴器螺丝帽及销子应完整、坚固，不得松动少缺。

⑧通风系统应完好，通风装置和空气滤清器等部件应符合有关规定要求。

3．电动机的安全运行要求

①电动机电流是否超过允许值。

②轴承的温度及润滑是否正常。

电动机轴承的最高允许温度，应遵守制造厂的规定；无制造厂的规定时，可按照下列标准：

一是滑动轴承不得超过 80℃。

二是滚动轴承不得超过 100℃。

③电动机有无异常音响。

④对直流电动机和电刷经常压在滑环上运行的线绕式转子电动机，应注意电刷是否有冒火或其他异常现象。

⑤注意电动机及其周围的温度，保持电动机附近的清洁，电动机周围不应有煤灰、水汽、油污、金属导线、棉纱头等，以免被卷入电动机内。

⑥由外部用管道引入空气冷却的电动机，应保持管道清洁畅通，连接处要严密，闸门应在正确的位置上。对大型密闭式冷却的电动机，应检查其冷却水系统运行是否正常。

⑦按规定时间，记录电动机表计的计数，电动机启动停止的时间及原因，并记录所发

现的一切异常现象。

（二）使用触电危险性较大的电气设备的安全要求

触电危险性较大的电气设备一般指手持式电动工具、手提照明灯、各种移动式电气设备等。

1．手持式电动工具使用的安全要求

①辨认铭牌，检查电动工具的性能是否与使用条件相适应。

②应设专人负责保管，定期检修和制定健全的管理制度，确保手持式电动工具的完好。

③每次使用前必须经过外观检查（如：防护罩、防护盖、手柄防护装置等有无损伤、变形或松动）和电气检查（如：电源开关是否失灵、是否破损、是否牢固，接线有无松动等），其绝缘强度必须保持在合格状态。

④电源线不得任意加长，与电源连接应用插头和插座连接，不得随意搭接。

⑤电源线应采用橡皮绝缘软电缆；单相用三芯电缆，三相用四芯电缆；电缆不得有破损或龟裂，中间不得有接头。

⑥Ⅰ类设备应有良好的接零或接地措施，且保护导体应与工作零线分开；保护零线（或地线）应采用截面积 0.75～1.5 mm^2 以上的多股软铜线，且保护零线（地线）最好与相线、工作零线在同一护套内；严禁将Ⅰ类工具的三芯电源线并为两芯使用。

⑦使用Ⅰ类手持电动工具应配合绝缘用具，并根据用电特征安装漏电保护器或采取电气隔离及其他安全措施。

⑧手持式电动工具的绝缘电阻值应为：Ⅰ类工具不低于 2MΩ，Ⅱ类工具不低于 7MΩ，Ⅲ类工具不低于 10MΩ。

⑨装设合格的短路保护装置。

⑩Ⅱ类和Ⅲ类手持电动工具修理后，不得降低原设计确定的安全技术指标。

⑪使用手持式电动工具，如遇停电或中止工作时必须切断电源；高空作业必须用安全带；并有监护和安全措施。

⑫使用手持式电动工具，应在干燥、无腐蚀性气体、无导电灰尘的场所使用，雨、雪天气不得露天工作。

⑬挪动手持式电动工具时，只能手提握柄，不得提导线、卡头。

⑭用毕及时切断电源，并妥善保管。

2．移动式电气设备的安全要求

常用移动式电气设备，有电焊机、潜水泵、无齿锯、少先吊车、震捣器和蛤蟆夯等。

（1）用电特点

移动式电气设备的特点是工作环境经常变化，其电源接到设备上的线路多是临时性的，这些设备工作时，操作人员在手中紧握，振动较大，极容易发生线路碰壳事故，线路的绝缘由于拉、磨和其他机械损伤而遭到损坏的情况较多，有较大的触电危险性。

（2）一般的安全要求

针对移动式电气设备的用电特点，对这一类设备要求有专人管理，每次使用前都要进行外观和电气检查，一次线长不得超过 2 m，要使用橡套线；每次接电源前，都要查看保护电器是否合格（如熔断器）；设备的金属外壳要有可靠的接地（接零），导线两端必须连接牢固；要按照设备铭牌的要求去接电源；带电动机设备接线后应点动试运转；室外使用应有防雨措施。在使用移动式电气设备时必须采取有关安全措施，严格执行有关规定要求，避免事故发生。

移动式电气设备的使用安全要求，与手持式电动工具的使用安全要求相同。

（三）照明装置的安全要求

1．灯具安装的安全要求

①安装高度：户内吊灯灯具高度一般不应小于 2.5 m。在干燥的非生产环境，如受条件限制，户内吊灯灯具高度允许降低为 2～2.2 m；户内吊灯灯具位于桌面上方等人碰不到的地方时，则灯具高度允许降低为 1.5 m。户外灯具高度一般不应小于 3 m，墙上灯具高度可减为 2.5 m；不足上述高度时应加防护。

②灯具安装应牢固可靠。户外灯具除要考虑承受本身重量外，还要考虑承受风力。1 kg 以下的灯具可采用软导线自身吊装，吊盒及灯座内均应做防拉脱结扣；1～3 kg 的灯具应采用吊链或吊管安装，采用吊链安装者，导线应编叉在吊链内；采用吊管安装者，吊管直径不得小于 10 mm，管内导线不得有接头。质量在 3 kg 以上的灯具应采用预埋件，用吊管安装。带自在器的软导线应穿软塑料管并应采用安全型灯座。

③照明灯具、日光灯镇流器等发热元件不能紧贴可燃物安装，其间应留有足够的距离，周围可燃物不得阻碍灯具通风。

④对易燃易爆物的防护距离：普通灯具不宜小于 300 mm；聚光灯及碘钨灯等高热灯具不宜小于 500 mm，且不得直接照射易燃物。达不到防护距离时，应采取隔热措施。

⑤灯具若带电金属件、金属吊管和吊链应采取接零（或接地）措施。

2．灯具接线的安全要求

螺口灯头的中心触头应与相线连接，螺口应与零线（N）连接；碘钨灯及其他金属卤化物灯的灯线应固定在专用接线柱上；灯具的内接线必须牢固，外接线必须做可靠的防水绝缘包扎。

3．插座接线的安全要求

①非生产环境的单相插座应按每个 2.5A 计入照明负荷。安装插座应注意插座不得贴近平开关安装，也不得安装在床头或桌面上，以免误触插孔内带电导体。

②明装插座的高度一般不应低于 1.3 m，暗装插座的高度不应低于 0.3 m。在托儿所、幼儿园等小孩容易触及的环境，插座的高度不宜低于 1.8 m，否则，必须使用安全型插座。

③单相插座遵循“上相（L）下零（N）、右相（L）左零（N）”的原则。插座的保护线（PE 线）插孔应位于上方，凡要求接零或接地的环境，均应采用带有保护插孔的插座，即单相设备用三孔插座。

④在同一用电区域，不同电压等级的插座应有明显区别，以防止插错。

⑤连接具有金属外罩灯具的插座和插头均应有接 PE 线的保护触头。

4．灯具控制与保护的安全要求

①任何灯具必须经照明开关箱配电与控制，配置完整的电源隔离、过载与短路保护及漏电保护电器。

②路灯还应该逐灯另设熔断器保护。

③配电箱内单相照明线路的开关必须采用双极开关；照明器具的单极开关必须装在相

线上。照明开关应排列整齐，便于操作；相邻开关相线、零线的配置及开、合的位置都应当一致。接线必须保证开关在断开位置时灯具不得带电。

④暂设工程的照明灯具宜采用拉线开关控制，其安装高度为距地 2～3 m。宿舍区禁止设置床头开关。

⑤照明线路的相线和工作零线上都应装有熔断器。熔断器熔体的额定电流原则上按过载保护确定。

⑥每一照明支路上熔断器熔体的额定电流不应超过 15～20A，每一照明支路上所接的灯具，室内原则上不超过 20 盏（插座应按灯计入），室外原则上不超过 10 盏（节日彩灯除外）。

三、电气线路的安全要求

电气线路是电力系统的重要组成部分，它除满足供电可靠性或控制可靠性的要求外，还必须满足各项安全要求。

（一）导电能力

导线的导电能力应符合发热、电压损失和短路电流三方面的要求。

1．发热

为了防止线路过热，保证线路正常工作，各种导线的最高运行温度都有一定的限制。对于裸线，为防止接头氧化，最高运行温度为 70℃；对于橡皮绝缘导线和塑料绝缘导线，为防止绝缘老化，最高运行温度分别为 65℃和 70℃；对于电缆，为防止绝缘老化，防止热胀冷缩形成气泡，1 kV 及其以下的铅包或铝包电缆最高运行温度为 80℃，聚氯乙烯电缆最高运行温度为 65℃。

因为电流产生的热量与电流的平方成正比，所以，各种导线的允许电流（即安全载流量）也有一定的限制。

2．电压损失

电压损失是受电端电压与供电端电压之间的代数差。电压损失太大，受电端电压就越低，不但用电设备不能正常工作，而且可能导致电气设备和电气线路发热。

受电端电压太高将导致电气设备的铁芯磁通增大和照明线路电流增大。受电端电压太低可能导致接触器等吸合不牢，吸引线圈电流增大；对于恒定功率输出的电动机，电压太低也将导致电流增大；过分低的电压还可能导致电动机堵转。以上这些情况都将导致电气设备损坏和电气线路发热。

为了保证用电设备正常工作，动力线路的电压损失不得超过 5%，照明线路不得超过 8%～10%。

3．短路电流

为了短路时速断保护装置能可靠动作，短路时必须有足够大的短路电流，这也要求导线截面不能太小；另一方面，由于短路电流较大，导线应能承受短路电流的冲击而不被破坏。所以说这也要求导线有足够大的截面积。

（二）线路绝缘

线路绝缘应满足防电击、防火、耐腐蚀、耐机械损伤等要求。

（三）机械强度

导线的机械强度应当足以承受自重、温度变化的热应力、短路时的电磁作用力以及风雪、覆冰产生的应力。

（四）线路间距

电气线路与建筑物、树木、地面、水面、其他电气线路以及各种工程设施之间的安全距离应符合相关规定。

（五）线路防护

各种线路对酸、碱、盐、温度、湿度、灰尘、火灾和爆炸等外界因素应有足够的防护能力。

（六）导线连接

导线的连接有焊接、压接、缠接等多种方式。导线连接处即为导线的接头。它是电气线路的薄弱环节，接头常常是发生故障的地方。

四、低压电气设备的安全操作要求

在低压设备或低压线路上的工作时，原则上应停电作业，并且在工作中必须严格执行有关的安全规定。

①需停电设备的各方面电源彻底断开，包括中性线，并取下可熔保险器，在刀闸或开关的操作把手上挂“有人工作，禁止合闸”的标示牌；如需要可在刀闸和开关二次侧装设接地线或现场派人看护。

②工作前必须用合格的验电笔对停电设备及周围设备验电。

③工作中要采取防止误触、误碰临近带电设备的措施和防止短路带电设备的措施。

④采取防止误入临近的带电间隔和误登临近带电杆、塔上的措施。

⑤禁止用喊话、约时等方式进行停送电。

⑥根据现场需要安排指挥和监护人。

⑦根据工作需要和现场情况采取其他安全措施。

五、低压带电作业安全

对于一些不停电的工作，或作业人员使用绝缘辅助安全用具直接接触带电体及在带电设备外壳上的工作，均称为低压带电作业。虽然低压带电作业的对地电压不超过 250V，但不能把此电压视为安全电压，实际上交流 220V 电源的触电对人身的危害是严重的。为防止低压带电作业对人身的触电伤害，作业人员应严格遵守低压带电作业有关规定和注意事项。

（一）低压设备带电作业安全规定

在低压设备上带电作业，应遵守下列规定：

①在带电的低压设备上工作，应使用有绝缘柄的工具，工作时应站在干燥的绝缘垫、绝缘站台或其他绝缘物上进行，严禁使用锉刀、金属尺和带有金属物的毛刷、毛掸等工具。使用有绝缘柄的工具，可以防止人体直接接触带电体。站在绝缘垫上工作，人体即使触及带电体，也不会造成触电伤害。低压带电作业时使用金属工具，金属工具可能引起相间短路或对地短路事故。

②在带电的低压设备上工作时，作业人员应穿长袖工作服，并戴手套和安全帽，戴手套可以防止作业时手触及带电体；戴安全帽可以防止作业过程中头部同时触及带电体及接地的金属盘架，造成头部接近短路或头部碰伤；穿长袖工作服可防止手臂同时触及带电和接地体引发短路和烧伤事故。

③在带电的低压盘上工作时，应采取防止相间短路和单相接地短路的绝缘隔离措施。在带电的低压盘上工作时，为防止人体或作业工具同时触及两相带电体或一相带电体与接地体，在作业前将相与相间或相与地（盘构架）间用绝缘板隔离，以免作业过程中发生短路事故。

④严禁雷、雨、雪天气及 6 级以上大风天气在户外进行带电作业，也不应在雷电天气进行室内带电作业。

雷电天气，系统容易引起雷电过电压，危及作业人员的安全，不应进行室内、外带电作业；雨雪天气、空气潮湿，不宜进行带电作业。

⑤在潮湿和潮气过大的室内，禁止进行带电作业；工作位置过于狭窄时禁止进行带电作业。

⑥低压带电作业时，必须有专人监护。带电作业时由于作业场地、空间狭小，带电体之间、带电体与地之间绝缘距离小，或由于作业时的错误动作均可能引起触电事故。因此，带电作业时，必须有专人监护；监护人应始终在工作现场并对作业人员进行认真监护，随时纠正不正确的动作。

（二）低压线路带电作业安全规定

在 400V 三相四线制的线路上带电作业时，应遵守下列规定：

①上杆前应先分清火、地线，选好工作位置。在登杆前，应在地面上先分清火、地线。只有这样才能选好杆上的作业位置和角度。在地面辨别火、地线时，一般根据一些标志和排列方向、照明设备接线等进行辨认。初步确定火、地线后，可在登杆后用验电器或低压试电笔进行测试，必要时可用电压表进行测量。

②断开低压线路导线时，应先断开火线，后断开地线。搭接导线时，顺序应相反。三相四线制低压线路在正常情况下接有动力、照明及家电负荷。当带电断开低压线路时，如果先断开零线，则因各相负荷不平衡而使该电源系统中性点会出现较大偏移电压，造成零线带电，断开时会产生电弧。故应按《电业安全工作规程》规定，先断火线，后断地线。接通时，先接零线，后接火线。

③人体不得同时接触两根线头。带电作业时，若人体同时接触两根线头，则人体串人电路造成人体触电伤害。

④高低压同杆架设，在低压带电线路上工作时，应先检查与高压线的距离，采取防止误碰带电高压线或高压设备的措施。在低压带电导线未采取绝缘措施时（裸导线），工作

人员不得穿越。

高、低压同杆架设，在低压带电线路上工作时，作业人员与高压带电体的距离应不小于人体与带电体的安全距离中的规定，还应采取以下措施：

一是防止误碰、误接近高压导线的措施。

二是登杆后在低压线路上工作，防止低压接地短路及混线的作业措施。

三是工作中在低压导线（裸导线）上穿越的绝缘隔离措施。

⑤严禁雷、雨、雪天气及 6 级以上大风天气在户外低压线路上带电作业。

⑥低压线路带电作业，必须设专人监护，必要时杆上设专人监护。

（三）低压带电作业注意事项

①带电作业人员必须经过培训并考试合格，工作时不少于 2 人。

②严禁穿背心、短裤，穿拖鞋带电作业。

③带电作业使用的工具应合格，绝缘工具应试验合格。

④低压带电作业时，人体对地必须保持可靠的绝缘。

⑤在低压配电盘上工作，必须装设防止短路事故发生的隔离措施。

⑥只能在作业人员的一侧带电，若其他还有带电部分而又无法采取安全措施时，则必须将其他侧电源切断。

⑦带电作业时，若已接触一相火线，要特别注意不要再接触其他火线或地线（或接地部分）。

⑧带电作业时间不宜过长。

第三节　高压电气设备安全

一、主要高压电气设备的安全要求

高压电气设备主要包括高压熔断器、高压隔离开关、高压负荷开关、高压断路器、高压开关柜和电力变压器等。

（一）高压熔断器

高压熔断器是一种当所在电路的电流超过规定值并经一定时间后，使其熔体熔化而分断电流、断开电路的一种保护电器。

1. 高压熔断器的技术要求

在高压熔断器中，户内广泛采用 RN 型管式熔断器，户外广泛采用 RW 型跌落式熔断器。

（1）户内 RN 型高压管式熔断器

户内高压管式熔断器型号标示为 RN，R 表示熔断器，N 表示户内型。

RNl 和 RN2 是普通型熔断器，RN3 和 RN4 是带有片状熔体的熔断器，RN5 和 RN6 是改进型熔断器。其中，RN2、RN4、RN6 是用于保护电压互感器的熔断器。

RN2-10 型熔断器的额定电压为 10 kV，额定电流为 0.5A，最大开断电流（有效值）

约为 50 kA，熔管电阻为（100±7）Ω。当流过 0.6～1.8A 的电流时，1 mm 内熔断。

RN3-10 型熔断器的额定电压为 10 kV，额定电流有 50A、75A 和 220A 三种规格，50A 规格的可装有额定电流 2、3、5、7.5、10、15、20、30、40 及 50A 的熔丝，75A 规格的装有额定电流 75A 的熔丝，200A 规格的可装有额定电流 100A 和 150A 的熔丝。最小开断电流约为熔丝额定电流的 1.3 倍。最大开断电流（有效值）约为 11.5 kA。

（2）户外 RW 型高压跌落式熔断器

户外型跌落式熔断器的型号标志为 RW。R 表示熔断器，W 表示户外型。这种跌落式熔断器适用于周围空间没有导电尘埃和腐蚀气体等、没有易燃易爆危险及剧烈振动的户外场所，即可作 6～10 kV 交流电力线路和电力变压器的短路保护，又可在一定条件下，直接用绝缘钩棒来操作其熔管的开合，以断开接通小容量的空载变压器、空载线路和小负荷电流，其操作要求与高压隔离开关相同。

安装应当牢固，接触应当紧密、良好，各相熔断器应在同一水平线上，相邻熔断器之间的间距不应小于 0.7 m（用于室内时不应小于 0.6 m），对地面高度不应小于 4.5 m（用于室内时不应小于 3 m），装在被保护设备上方时，与被保护设备外廓的水平距离不应小于 0.5 m，熔管上端向外倾斜 20°～30°，以便熔断时能向下翻落，熔管长度适当，合闸后动触头应被鸭嘴帽扣住 2/3 以上，以防止误掉闸，熔管不能过长，以免顶住鸭嘴帽，致使熔断时不能翻落，熔丝的可熔断部分应位于熔管中心并偏上一些，熔丝额定电流不得大于熔管的额定电流。

2．高压熔断器的安全运行

①运行中检查高压熔断器的绝缘子，应完整、无裂纹、无电晕和放电现象。熔断管和弹性触座接触应牢靠。熔断指示的动作情况。

②熔断器内熔体熔断，更换熔断管时，通常在电路停电后进行。如果必须带电更换时，应按照带电作业有关规定，做好有关安全措施后，方可进行，应使用与电路电压等级相符的合格安全用具，如绝缘夹钳、绝缘手套、绝缘靴、防护目镜等安全用具，并且要有专人监护。

③更换高压熔断器熔体，必须使用铜或银质的熔体，不允许使用铅锡合金或锌等熔化温度较低的熔体来代替。因为铅锡合金及锌熔体的熔化温度较低，导电率小，熔体的截面积较大，灭弧能力低，不能可靠地断开电弧。而铜和银质熔体的电阻率低，热传导率较大，截面积较小，熔断时产生的金属蒸汽也少，易于灭弧。又加上铜或银制成的熔体上，采用焊以锡或铅的小球，来降低熔体的熔化温度，这样做克服铜或银熔体的熔点高的缺点，使熔断器的性能更为完善。

④在更换或补充熔断管内石英砂时，要注意所换石英砂颗粒应与原规格一样。如果更换石英砂颗粒比原规格大，会造成断弧困难，灭弧效果不好；若更换石英砂较原规格小，会造成弧道狭窄，冷却不好，灭弧效果差。

3．户外跌落式熔断器的安全运行

①操作户外跌落式熔断器，应遵照户外带电操作的安全规定，做好安全防护措施。操作时应根据需要穿绝缘靴、戴绝缘手套。

②使用高压绝缘棒操作户外跌落式熔断器应按有关要求进行：在使用高压绝缘棒之前，先检查绝缘棒表面必须光滑、无裂缝、无损伤，棒身应垂直，各部分的连接应牢靠，

按周期试验合格；在操作时，握柄部分不得超越护环以上部分。

③要注意跌落式熔断器熔丝的使用寿命，如钢纸管为内壁的熔丝管，只能连续开断额定断流容量 3 次，如果开断容量低于额定断流容量，开断次数可以酌情增加，当熔丝管内径因多次开断而扩大到允许的极限尺寸时，应及时更换。要根据操作频繁情况，定期检查熔丝管的烧损情况并及时处理。

（二）高压隔离开关

高压隔离开关主要用来隔离高压电源，以保证其他电气设备的安全检修。由于它没有专门的灭弧装置，所以不能开断负荷电流和短流电流。

1．高压隔离开关的技术要求

高压隔离开关的主要技术参数是额定电压、额定电流、极限通过峰值电流和 5 s 热稳定电流。比如：GN19-10/600-52 型表示户内用（字母 N 表示），额定电压 10 kV，额定电流 600A，极限通过峰值电流 52 kA 的隔离开关，其 5 s 热稳定电流为 20 kA。所以在选用高压隔离开关时，应按其主要的技术参数进行选择。

按照隔离开关所担负的任务，应满足的要求为：

①隔离开关应具有明显的断开点。

②隔离开关断开点之间应有可靠的绝缘。

③隔离开关应具有足够的热稳定性和动稳定性。

④隔离开关的结构要简单，动作要可靠。

⑤带有接地闸刀的隔离开关必须有连锁机构，以保证先断开隔离开关后，再合上接地闸刀，先断开接地闸刀后，再合上隔离开关的操作顺序。

⑥隔离开关要装有和断路器之间的连锁机构，以保证正确的操作顺序，杜绝隔离开关带负荷操作的事故发生。

2．高压隔离开关的安全运行

高压隔离开关运行中，应监视其动静触头的接触和联接头，不应有过热现象，允许运行温度不应超过 70℃。可选用示温片或变色漆进行监视。

在值班运行巡视检查中，如发现有缺陷，应及时消除，以保证隔离开关的安全运行，检查的项目内容如下：

①检查隔离开关的绝缘子，应完整无裂纹、无电晕和放电现象。

②动闸刀在合闸后，插入静触头座的深度，应不小于静触头长度的 90%。如果动闸刀插入静触头座的深度太浅（即动、静触头接触面少），当通过较大的电流时，会产生过热；如果插入深度太深（即超过静触头片长度的 90%）时，在合闸的冲击下，会把静触头座绝缘子损坏。

③动闸刀片和刀嘴应无脏污和烧伤的痕迹、弹簧片、弹簧和铜辫子应无断股、折断现象。

④动闸刀和刀嘴的消弧角应无烧伤、不变形、不锈蚀、不倾斜，否则会使触头接触不良。当触头接触不良时，会有较大的电流通过消弧角，引起两个消弧角发热、发红，严重时会焊接在一起，使隔离开关无法拉开。

⑤操动机构的连杆和机械部分，应无损伤和锈蚀，各机件应坚固，位置应正确，无歪

斜、松动和脱落等不正常现象。

⑥联锁装置应良好。在隔离开关拉开后，应检查电磁闭锁、机械闭锁的销子是否已锁牢。隔离开关的辅助接点位置是否正确。

（三）高压负荷开关

高压负荷开关是专门用在高压装置中通断负荷电流的开关。由于负荷开关在设计时只考虑通断负荷电流，断流能力不大，不能用它来切断短路电流。线路的短路故障只有借助与它串联的高压熔断器来进行保护。

1. 高压负荷开关的基本要求

高压负荷开关是和高压熔断器串联使用的，断电保护应按下述要求调整：当故障电流大于负荷开关的开断能力时，必须保证熔断器先熔断，然后负荷开关才能分闸；当故障电流小于负荷开关的开断能力时，则负荷开关开断，熔断器不动作。

2. 高压负荷开关的安全运行

①每年应定期检修一次或在断开 20 次负荷电流后进行全面检修。

②取下灭弧管，测量灭弧棒和灭弧管间的内环间隙，不应超过 3 mm，否则应更换灭弧管。

③高压隔离开关的运行维护中相关部分也适用于高压负荷开关。

（四）高压断路器

高压断路器有专门的灭弧机构，具有很强的灭弧能力，不仅能通断正常负荷电流，而且能开断正常负荷电流，并能在保护装置作用下自动跳闸，切除短路故障。

1. 高压断路器的技术要求

高压断路器的主要技术参数是额定电压、额定电流、额定开断电流、额定断流容量、最大关合电流、极限通过电流和热稳定电流等性能参数。比如：SN10-10/1000-16 型户内用少油断路器的额定电压为 10 kV、额定电流为 1 000A、额定开断电流和 2 s 热稳定电流均为 16 kA、额定断流容量为 300MVA 及最大关合电流峰值和极限通过电流峰值均为 40 kA。所以，在选用高压断路器时，以适应其工作要求外，还应满足以下基本要求：

①工作可靠；

②具有足够的开断能力；

③具有尽可能短的切断时间；

④具有自动重合闸性能；

⑤具有足够的机械强度和良好的稳定性能；

⑥结构简单、价格低廉。

2. 高压断路器的安全运行

①对于油断路器，为了防止断路器爆炸，应根据额定电压、额定电流和额定开断电流等参数正确选用断路器，并应保持断路器在正常的运行状态。

②用真空断路器控制高压电动机时，电动机应并联阻容保护电路或采取其他过电压抑制措施。

③对运行中的高压断路器应按规定进行巡视检查和维修。

④高压断路器必须与高压隔离开关串联使用，由前者接通和分断电流；由后者隔断电源。为确保断路器与隔离开关之间的正确操作顺序，除严格执行操作制度外，在 10kV 系统中常安装机械式或电磁式联锁装置。联锁装置能防止人为的错误操作。

⑤在检修工作中，为了防止断路器意外地接通电源，手动操作的断路器应当挂警告牌，电动操作的断路器应当断开操作电源。

（五）高压开关柜

高压开关柜是按照一定的接线方案将有关一、二次设备（如开关设备、监察测量仪表、保护电器及操作辅助设备）组装而成的一种高压成套配电装置，在变配电所中作为控制和保护发电机、电力变压器和电力线路之用，也可作为大型高压电动机的启动、控制和保护之用。柜中安装有高压开关设备、保护电器、检测仪表、母线和绝缘子等。

对高压开关柜要求做到“五防”：

①防止误分、误合断路器；

②防止带负荷分、合隔离开关；

③防止带电挂接地线；

④防止带接地线合闸；

⑤防止人员误入带电间隔。

（六）电力变压器

电力变压器是一种通过电磁感应原理来改变交流电压大小的静止电气设备。它是变配电系统中最重要的一次设备，其作用是将电力系统中的电压升高或降低，以利于电能的合理输送、分配和使用。工业企业用的变压器均起降低电压的作用，通常是把 6～10 kV 的高压电降低为 0.4 kV 的低压电，供给电气设备使用，这种变压器称为配电变压器。

1. 电力变压器的类型

按冷却方式的不同，常用的电力变压器分为：油浸式变压器和干式变压器。油浸式变压器常用在独立建筑的变电所或户外安装，干式变压器常用在高层建筑内的变配电所。

2. 电力变压器的安全运行

（1）变压器运行参数

新投入的变压器在带负荷前，应空载运行 24 h，运行中变压器的运行参量应当符合规定。例如，高压侧电压偏差不得超过额定值的±5%；低压最大不平衡电流不得超过额定电流的 25%，温度和温升不得超过规定值，声音不得太大或不均匀。另外，套管应保持清洁，外壳和低压中性点接地应保持完好，接线端子不应过热等。

（2）电力变压器的并联运行

为了提高运行的经济性和提高供电的可靠性，在很多情况下，需要用两台容量较小的变压器并联起来代替一台容量较大的变压器。两台变压器并联运行是两变压器一次侧和二次侧的同名端都连在一起的运行方式。变压器并联运行的基本要求是并联回路内不产生有害的环流，而且负荷合理分配。为此，变压器并联运行应当满足以下条件：

①并联变压器的联结组必须相同。

②并联变压器的额定变压比应当相等。

③并联变压器的阻抗电压最好相等，阻抗电压相差不宜超过10%。

④并联变压器的容量之比一般不应超过3∶1。

（3）电力变压器的检修

对运行中的电力变压器应制订检修计划。检修分为小修和大修。大修后的电力变压器须经过验收方可投入运行。

二、主要高压电气设备安全操作要求

（一）倒闸的安全操作

倒闸操作主要是指断开或合上断路器或隔离开关，断开或合上直流操作回路，拆除和装设临时接地线及检查设备绝缘等。它是直接改变变配电设备的运行方式和状态，如果发生误操作事故，就能导致变配电设备的损坏，并危及人身安全。

为了保证变配电设备的安全运行，必须贯彻好安全操作的技术规定和执行好倒闸操作的组织措施——操作票制度，这是防止误操作，保障安全操作的基本措施。

1．安全操作的基本要求

①为防止误操作事故，变配电所的倒闸操作必须填写操作票；

②倒闸操作必须两人同时进行，一人监护、一人操作。特别重要和复杂的倒闸操作，应由电气负责人监护；

③高压操作应戴绝缘手套，室外操作应穿绝缘靴、戴绝缘手套；

④如逢雨、雪、大雾天气在室外操作，无特殊装置的绝缘棒及绝缘夹钳禁止使用，雷电时禁止室外操作；

⑤装卸高压保险时，应戴防护镜和绝缘手套，必要时使用绝缘夹钳并站在绝缘垫或绝缘台上；

⑥变配电设备停电后，即使是事故停电，在未断开有关电源开关和采取安全措施以前，不得触及设备或进入遮栏，以防止突然来电，发生事故。

2．安全操作的技术规定

各种不同运行方式的停、送电操作顺序如下：

①单一出线的操作

停电时，先断开断路器，后断开线路侧隔离开关，最后断开母线侧隔离开关。送电时，先闭合母线侧隔离开关，后闭合线路侧隔离开关，最后闭合断路器。

②带联络线或双电源的操作（同一系统或双电源已核相并符合并列、解列条件）

停送电时，要先用断路器并列运行，后用断路器解列运行，切不可用隔离开关进行并列、解列的操作。

③母线停、送电操作

停电时，电压互感器应最后停电；送电时，先送电压互感器。

④倒换母线操作

应先合上母线备用开关，取下该开关操作保险，将要停用母线所带的线路倒置运行母线，最后再断开原运行母线开关。

⑤带配电变压器的停、送电操作

停电操作从低压到高压依次进行（即反电流方向）。送电操作从高压到低压依次进行（即顺电流方向）。

⑥断开或合上刀闸操作

断开或合上刀闸时，应迅速果断，但不可用力过猛。操作机构有故障时，不得强行拉、合，操作完毕应检查销子是否到位。

⑦室外单极刀闸操作

室外单极刀闸，跌落保险在停电拉闸时先拉中相，再拉风向一相，最后拉余下的一相。严禁带负荷操作。

3．操作票填写

严格执行操作票制度，是行之有效的安全操作制度，是防止误操作事故发生的组织措施。

倒闸操作票是根据操作目的、顺序、允许拉合范围、挂接地线的地点等在操作之前提前写出来，让操作者有一个充分思考、预审时间，避免盲目操作，防止和避免误操作事故的发生。

倒闸操作票的格式按电力部门颁发的统一标准填写，如表 5-4 所示。

表 5-4　变电站（发电厂）倒闸操作票

<table>
<tr><td colspan="4">单位______________________</td><td colspan="2">编号______________</td></tr>
<tr><td>发令人</td><td></td><td>受令人</td><td></td><td>发令时间</td><td>年　月　日　时　分</td></tr>
<tr><td colspan="4">操作开始时间：
年　月　日　时　分</td><td colspan="2">操作结束时间：
年　月　日　时　分</td></tr>
<tr><td colspan="6">（　）监护下操作（　）单人操作（　）检修人员操作</td></tr>
<tr><td colspan="6">操作任务：</td></tr>
<tr><td>顺　序</td><td colspan="4">操　作　项　目</td><td>√</td></tr>
<tr><td></td><td colspan="4"></td><td></td></tr>
<tr><td></td><td colspan="4"></td><td></td></tr>
<tr><td></td><td colspan="4"></td><td></td></tr>
<tr><td></td><td colspan="4"></td><td></td></tr>
<tr><td></td><td colspan="4"></td><td></td></tr>
<tr><td></td><td colspan="4"></td><td></td></tr>
<tr><td></td><td colspan="4"></td><td></td></tr>
<tr><td colspan="6">备注：</td></tr>
<tr><td colspan="2">操作人：</td><td colspan="2">监护人：</td><td colspan="2">值班负责人（值长）：</td></tr>
</table>

①操作票必须根据调度指令或上级通知要求填写。接受指令时，受令人要认真复诵，审核无误，并将指令记入值班记录。

②倒闸操作票应将下列项目填入票内：

一是应拉合的开关和刀闸；

二是检查开关和刀闸的位置；

三是检查接地线是否装设或拆除；

四是检查负荷分配；

五是装、拆临时接地线；

六是安装或拆除控制回路或电压互感器回路的保险；

七是切换保护回路；

八是检验确无电压。

③操作票必须由操作人在接受指令后操作前填写。经监护人、值班负责人审核签字后方可操作。

④操作票必须按操作项目的顺序逐项填写，不得颠倒或并项填写。

⑤操作票应用钢笔和圆珠笔填写，不得用铅笔，字迹要工整，不得涂改。

⑥操作票统一编号，按顺序使用，填废的操作票应注明“作废”的字样，已操作完的应注明“已操作”的字样；已操作的操作票应妥善保管。

⑦填写操作任务、操作开始和终止时间；填写操作人、监护人、下令人的姓名，禁止代签。

4．倒闸操作的安全要求

（1）操作票的执行

①填好的操作票，必须与系统接线图或模拟盘核对，经核实无误后，由值班人签字。

②操作前首先核对将要操作设备的名称、编号和位置，操作时由监护人唱票，操作人应复诵一遍，监护人认为复诵正确，即发出“对”或“操作”的命令，操作人方可进行操作。每操作完一项，立即在本操作项目前做“√”的标记。

③操作时要严格按照操作票的顺序进行，严禁漏操作或重复操作。

④全部操作完成后，填写终了时间，并做好“已执行”的标记。

⑤操作中发生疑问时，应停止操作，立即向值班调度员（下令人）或站长报告，弄清后再继续操作。切不可擅改操作票。

（2）操作监护

操作监护就是由专人监护操作人操作的正确性和人身安全，一旦发生错误操作或危及人身安全时，能及时给予纠正和制止。在操作中对监护人有如下要求：

①监护人应由有经验的人员担任。

②监护人在操作前应协助操作人检查在操作中使用的安全用具，审核操作票等。

③监护人必须在操作现场，监护操作人操作的正确性。要求监护人不得擅离职守，不得参与同监护工作无关的事宜。

④每一操作步骤完成后，应检查开关设备的位置、仪表指示、联锁及标示牌等情况是否正确。

⑤设备投入运行后，应检查电压、电流、声音、信号显示、油面等是否正常。

（3）送电操作要求

①明确工作票或调度指令的要求，核对将要送电的设备，认真填写操作票。

②按操作票的顺序在模拟盘上预演，或与系统接线图核对。

③根据操作需要，穿戴好防护用具。

④按照操作票的要求在监护人的监护下，拆除临时遮栏、临时接地线及标示牌等设施，由电源侧向负荷侧逐级进行合闸送电操作，严禁带地线合闸。

（4）停电操作要求

①明确工作票或调度指令的要求，核对将要停电的设备，认真填写操作票。

②按操作票的顺序在模拟盘上预演，或与系统接线图核对。

③根据操作要求，穿戴好防护用具。

④按照操作票的要求在监护人的监护下，由负荷侧向电源侧逐级拉闸操作，严禁带负荷拉刀闸。

⑤停电后验电时，应用合格有效的验电器，按规定在停电的线路或设备上进行验电。确认无电后再采取接挂临时接地线、设遮栏、挂标示牌等安全措施。

5. 防止错误操作的联锁装置

防止错误操作的联锁装置，是从技术上采取的措施，使开关的错误操作受到限制，常用的联锁装置有以下几种：

（1）机械联锁

以机械传动部件位置的变动保证开关未拉开前，刀闸的操作手柄不能动作，或没拆除接地线时不能合闸送电等。

（2）电气联锁

在电动操作系统中，利用开关上的辅助开关之间的编程联锁，控制倒闸操作，当未按编程操作时，由主联锁开关先动作切断电路或拒动发出信号。

（3）电磁联锁

整套装置由多个电磁锁和相应配套元件组成，以实现多功能的防误联锁作用。

（4）钥匙联锁

是在隔离开关与断路器上或其他相关的设备上加装的联锁，将钥匙放在操作机构内或特定的部位，只有前一项操作完毕，取出钥匙，才能开锁进行下一项的操作。

（二）高压熔断器的安全操作

1. 户内式熔断器的操作

户内型管式熔断器应安装牢固，接触良好。更换熔断体（管）必须停电进行，并配用安全用具，而且有人监护。绝不允许带电操作。

2. 户外式熔断器的操作

跌开式熔断器的合闸、拉闸都必须配用绝缘用具，用绝缘杆完成。合闸是用绝缘杆的操作件顶住或勾住熔管封闭端的金具向上推合。分闸是用绝缘杆的操作件勾住熔管封闭端的金具向下拉开（RW4 型），或用绝缘杆的操作件顶开熔管上方的鸭嘴帽（RW3 型），令其自行翻落。操作应当准确、果断，但不宜用力过猛。

跌开式熔断器是分相操作的，操作第二相时会产生比较强烈的电弧。因此，跌开式熔断器正确的操作顺序是拉闸时先拉开中相，再拉开下风侧边相，最后拉开上风侧边相；合闸时先合上上风侧边相，再合上下风侧边相，最后合上中相。

（三）电力变压器的安全操作

电力变压器的操作要求除倒闸操作部分叙述的内容之外，还应包括分接开关的操作要求。

分接开关是用于改变变压器一次绕组抽头，借以改变变压比，它是调整二次电压的专用开关。分接开关分为有载调压和无载调压两种，用户电力变压器一般都是无载调压分接开关。

分接开关有Ⅰ、Ⅱ、Ⅲ三档位置，相应的变压比分别为10.5/0.4、10/0.4、9.5/0.4，分别适用于电压偏高、电压适中、电压偏低的情况。当分接开关在Ⅱ档（10/0.4）位置时，如果二次电压偏高，应往上调到Ⅰ档（10.5/0.4）位置；如果二次电压偏低，则应往下调到Ⅲ档（9.5/0.4）位置。

分接开关的操作必须在停电后进行。改变档位前后均须应用万用表和电桥测量绕组的直流电阻，线间直流电阻偏差不得超过平均值的2%。

（四）电力电容器的安全操作

对于油浸式电力电容器设备，由于操作不当可能着火，也可能发生爆炸，并且电容器上的残留电荷还可能对人身安全构成威胁。因此，在进行电容器操作中应按以下安全操作要求：

①高压电容器组外露的导电部分，应有网状遮拦，进行外部巡视时，禁止将运行中电容器组的遮拦打开。

②正常情况下全站停电操作时，就先拉开电容器的开关，后拉开各路出的开关；正常情况下全站恢复送电时，就先合上各路出线的开关，后合上电容器线的开关。

③全站事故停电后，应拉开电容器的开关。

④电容器断路器跳闸后不得强行送电；熔丝熔断后，查明原因之前，不得更换熔丝送电。

⑤更换电容器的保险丝，应在电容器没有电压时进行；故进行前，应对电容器放电。

⑥不论是高压电容器还是低压电容器，禁止带电荷或在带有残留电荷的情况下合闸。否则，可能产生很大的电流冲击。电容器每次重新合闸前，至少应放电3分钟。

⑦电容器组的检修工作应在全部停电时进行，先断开电源，将电容器放电接地后，才能进行工作。高压电容器应根据工作票，低压电容器可根据口头或电话命令。但应作好书面记录。

三、变配电所的安全管理

为提高变配电所的安全运行水平，适应现代管理的要求，必须建立有关的设备档案、技术图纸、各种指标图表及有关的记录和制度。

（一）变配电所现场管理要求

1. 变配电所应有以下记录

①抄表记录：按规定的时间，抄录各开关柜、控制柜上相关的电压、电流、有功和无

功表的电能及变压器温升等。

②值班记录：记录系统运行方式、设备检修、安全措施布置、事故处理经过，与运行有关事项及上级下达的指示要求等。

③设备缺陷记录：记录发现缺陷的时间、内容、类别，以及消除缺陷的人员、时间等。

④设备试验、检修记录：记录试验或检修的日期、内容，发现问题处理的经过，记录试验中出现的问题及排除情况，试验数据。

⑤设备异常及事故记录：记录发生的时间、经过、保护装置动作情况及原因、处理措施。

2．变配电所应制定制度

①值班人员岗位责任制度。

②交接班制度。

③倒闸操作票制度。

④巡视检查制度。

⑤检修工作票制度。

⑥工作器具保管制度。

⑦设备缺陷管理制度。

⑧安全保卫制度。

3．变配电所安全运行的基本要求

①变配电所等作业场所必须设置安全遮栏，悬挂相应的警告标志，配置有效的灭火器材及通讯设施。

②为电气作业人员提供符合电压等级的绝缘用具及防护用具。

③变配电所的电气设备，应定期进行预防性试验。试验报告应存档保管。

④变配电所内的绝缘靴、绝缘手套、绝缘棒及验电器的绝缘性能，必须定期检查试验。安全防护用具应整齐放在干燥明显的地方。

⑤无人值班的变配电所必须加锁。

（二）变配电所中值班人员的要求

1．值班人员的基本要求

①变配电所的电气设备操作，必须两人同时进行。一人操作，一人监护。

②严禁口头约定进行停电、送电操作。

③值班人员应确切掌握本所变配电系统的接线情况及主要设备的性能、技术数据和位置。

④值班人员应熟悉掌握本所事故照明的配备情况和操作方法。

⑤按要求认真正确填写、抄报有关报表并按时上报。并将当日的运行情况、检修及事故处理情况填入运行记录内。

⑥值班时间内自觉遵守劳动纪律和本所的各项规章制度，劳动防护用品穿戴整齐。

⑦值班人员应具备必要的电气“应知”、“应会”技能，有一定排除故障的能力，熟知电气安全操作规程，并经考试合格。

⑧在变配电所进行停电检修或安装工作时，应有保证人身及设备安全的组织和技术措

施，并应向工作负责人指明停电范围及带电设备所在位置。

⑨如遇紧急情况严重威胁设备或人身安全来不及向上级报告时，值班人员可先拉开有关设备的电源开关，但事后必须立即向上级报告。

⑩变配电所发生事故或异常现象，值班人员不能判断原因时，应立即报告电气负责人。报告前不得进行任何修理恢复工作。

⑪熟练掌握触电急救方法。

2．值班人员应知的安全注意事项

①不论高低压设备带电与否，值班人员不准单独移开或越过遮栏及警戒线对设备进行任何操作和巡视。

②巡视检查时应注意安全距离：高压柜前 0.6 m，10 kV 及以下 0.7 m，35 kV 以下 1 m。

③电气设备停电后，即使是事故停电，在未拉开有关刀闸和采取安全措施以前，不得触及设备或进入遮栏内，以防止突然来电。

④巡视检查架空线路、变电台时，禁止随意攀登电杆、铁塔或变电台。两人检查时，可以一人检查，一人监护，并注意安全距离。

⑤在雨、雪、雾天气巡视及检查接地故障时，必须穿绝缘靴。雷雨天气不得靠近避雷器和避雷针。

⑥高压设备发生接地故障时和巡视检查时与故障点保持一定的距离。室内不得接近故障点 4 m 以内，室外不得接近故障点 8 m 以内。接近上述范围时应穿绝缘靴，接触设备外壳、构架时应戴绝缘手套。

3．交接班要求

（1）基本要求

接班人员必须按规定时间提前到岗，交班人员应办理交接手续签字后方可离去。

（2）交班人员应提前做好交班准备工作

①整理报表及检修记录等。

②核对模拟盘与实际运行情况是否相符。

③设备缺陷、异常情况记录。

④核对并整理好消防用具、工具、钥匙、仪表、接地线及备用器材等。

⑤提前做好清洁卫生工作。

（3）交接班时应交清下列内容

①设备运行方式，设备变更和异常情况及处理经过。

②设备检修、改造等工作情况及结果。

③巡视检查中的缺陷和处理情况。

④继电保护、自动装置的运行及动作情况。

⑤当班已完成和未完成的工作及有关措施。

（4）接班人员接班时做好下列工作

①查阅各项记录，检查负荷情况、音响、信号装置是否正常。

②了解倒闸操作及异常事故处理情况，一次设备变化和保护变更情况。

③巡视检查设备、仪表等，了解设备运行状况及检查安全措施布置情况。

④核对安全用具、消防器材，检查工具、仪表的完好情况及接地线、钥匙、备用器材

等是否齐全。

⑤检查周围环境及室内外清洁卫生状况。

（5）遇以下情况不准交接班

①接班人员班前饮酒或精神不正常。

②发生事故或正在处理故障时。

③设备发生异常尚未查清原因时。

④正在倒闸操作时。

（三）变配电所中高压设备巡视检查

电气事故在发生以前，一般都会出现声音、气味、变色、温升等异常现象。为了及时掌握运行规状，尽早发现缺陷，因此，对运行中的电气设备通过人的“视、听、嗅、触”感官进行巡视检查。

1．巡视检查的一般规定

①有人值班的变配电所，除交接班外，、一般每班至少巡视两次。根据设备繁简情况及供电的性质，可适当增加巡视次数。

②遇有特殊天气（如大风、暴雨、冰雹、雪、雾）时室外电气设备应进行特殊检查。

③处于污秽地区的变配电所，对室外电气设备的巡视检查应根据天气情况及污秽程度来确定。

④电气设备发生重大事故又恢复运行以后，对事故范围内的设备进行特殊巡视检查。

⑤电气装备存在缺陷或过负荷时，至少每半小时巡视一次，直至设备正常。

⑥新投入或大修后投入运行的电气设备，在 72 小时内应加强巡视，无异常情况时，可按正常周期进行巡视。

2．正常巡视检查内容

①注油设备的油面位置应合格，油温正常，油色透明；截门、外壳、油面指示器等处清洁，无渗漏油现象。

②所有瓷绝缘部分，无掉瓷、破碎、裂纹以及闪络、放电痕迹和严重的电晕现象，表面应清洁无污垢。

③各部位的电气连接点应接触良好，应无氧化及过热现象，监视示温蜡片或变色漆的变化情况。导线无松股断股、过紧过松现象。

④检查变压器油温是否超过允许值，温升是否正常，有无异常声音，变压器冷却装置运行情况是否正常。呼吸器内干燥剂的潮解情况，防爆筒的玻璃隔膜有无破裂。气体继电器是否漏油。

⑤检查电容器的外壳有无膨胀变形，有无异声，示温蜡片是否熔化，三相电流是否平衡，电压是否超过允许值，放电装置是否良好，电容器室温是否超过允许值。

⑥检查各类继电器的外壳有无破损、裂纹，整定值位置是否变动，继电器的接点有无卡滞、变形、倾斜、烧伤及脱轴。感应式继电器的铝盘转动是否正常，有无抖动及摩擦现象。

⑦油断路器的分合指示器及红绿灯指示是否正常。内部应无响声，油面、油色正常，无漏油现象。真空断路器灭弧室在触头断开时，屏蔽罩内壁应无红色或乳白色辉光。

⑧避雷器内部应无异声，放电记录器数字清晰。

⑨硅整流装置及各类直流电源装置有无异声、过热、异味。电容器储能装置检查试验正常。

⑩中央信号装置及音响装置是否正常，直流母线电压是否正常。

⑪各级电压指示是否正常，各路负荷是否超出允许值。其他各种仪表指示信号显示是否正常。

⑫检查电缆终端盒、绝缘油有无过热熔化、漏油，有无放电痕迹及声响。

⑬检查所有接地线有无松动、折断及锈蚀现象。

⑭互感器及各种线圈有无异味。

⑮检查安全用具是否齐全有效、安放合理。

⑯检查门窗、孔洞等是否严密，有无小动物进入的痕迹。

3．特殊巡视检查内容

①降雪及雾凇天气时检查室外各接头及载流导体有无过热、溶雪现象。

②阴雨、大雾天气应检查瓷绝缘有无严重放电、闪络现象。

③雷雨后检查避雷器放电计数器的动作情况，瓷绝缘有无破裂和闪络痕迹。

④大风时检查室外配电装置周围有无易刮起的杂物，导线摆动是否过大。

⑤冰雹后检查瓷绝缘有无破损，导线有无伤痕。室外跌落熔断器有无损伤。

⑥冷空气侵袭降温后，检查变压器及注油设备的油面是否过低，导线是否过紧，开关套管及刀闸等连接处是否有冷缩变形。

⑦高温季节，检查注油设备的油面是否过高，导线是否过松，通风降温设施运行是否正常。

⑧夜间闭灯检查，应检查导线、开关瓷绝缘等各部接点是否有放电、发红现象（检查时应注意安全）。

第四节　防爆电气设备安全

在爆炸危险场所（环境）中，应不设置或尽可能少设置电气设备，以减少因电气设备或电气线路发生故障而成为引爆源引起的爆炸事故。必须设置电气设备时，应选用适用于该危险区中的防爆电气设备。

防爆电气设备安全是指为保障防爆电气设备、线路和人员的安全，在防爆电气设备的设计、生产、检验、销售、安装、使用过程中所采取的法律、技术、设备、管理等安全措施。

一、防爆电气设备的安全要求

爆炸危险环境中使用的电气设备，应为防爆电气设备。它在结构上应能防止由于在使用中产生火花、电弧或危险温度成为安装地点爆炸性混合物的引燃源。

1．防爆电气设备的一般安全要求

①防爆电气设备必须是符合现行国家标准并有国家检验部门防爆合格证的产品。

②所选用的防爆电气设备的级别和组别不应低于该环境内爆炸性混合物的级别和组

别。当存在两种以上的爆炸性物质时，应按混合后的爆炸性混合物的级别和组别选用。如无据可查又不可能进行试验时，可按危险程度较高的级别和组别选用。

③防爆电气设备应能防止周围化学、机械、热和生物因素的危害，应与环境温度、空气湿度、海拔高度、日光辐射、风沙、地震等环境条件下的要求相适应。其结构应满足电气设备在规定的运行条件下不会降低防爆性能的要求。

④在气体、蒸气爆炸危险环境中的防爆电气设备，其最高表面温度不得超过表 5-5 的规定。

表 5-5　气体、蒸气爆炸危险环境电气设备最高表面温度

组别	T1	T2	T3	T4	T5	T6
最高表面温度/℃	450	300	200	135	100	85

⑤在爆炸危险环境，应尽量少用携带式设备和移动式设备，应尽量少安装插销座。

⑥为了节省费用，应设法减小防爆电气设备的使用量。首先，应当考虑把危险的设备安装在危险环境之外；如果不得不安装在危险环境内，也应当安装在危险较小的位置。

⑦采用非防爆型设备隔墙机械传动时，隔墙必须是非燃烧材料的实体墙，穿轴孔洞应当封堵，安装电气设备的房间的出口只能通向非爆炸危险环境；否则，必须保持正压。

2．各类防爆电气设备的安全要求

按防爆结构型式，防爆电气设备分为：隔爆型、增安型、充油型、充砂型、本质安全型、正压型、无火花型、特殊型八种类型。

（1）隔爆型电气设备

这类设备是具有能承受内部的爆炸性混合物爆炸而不致受到损坏外壳，而且不致使内部爆炸通过外壳任何结合面或结构孔洞引起外部爆炸性混合物爆炸的电气设备。

隔爆型电气设备的安全要求：

①隔爆型电气设备的外壳用钢板、铸钢、铝合金、灰铸铁等材料制成。

②隔爆型电气设备可经隔爆型接线盒（或插销座）接线，亦可直接接线。连接处应有防止拉力损坏接线端子的设施，应有密封措施，连接装置的结合面应有足够的长度。

③隔爆型电气设备的紧固螺栓和螺母须有防松装置。

④正常运行时产生火花或电弧的电气设备须设有联锁装置，保证电源接通时不能打开壳、盖，而壳、盖打开时不能接通电源。

（2）增安型电气设备

这类设备是在正常时不产生火花、电弧或高温的设备上采取措施以提高安全程度的电气设备。

增安型电气设备的安全要求：

①增安型设备的绝缘带电部件的外壳防护不得低于 IP44，裸露带电部件的外壳防护不得低于 IP54。

②引入电缆或导线的连接件应保证与电缆或导线连接牢固、接线方便，同时还须防止电缆或导线松动、自行脱落、扭转，并能保持足够的接触压力。

③在正常工作条件下，连接件的接触压力不得因温度升高而降低；连接件不得带有可

能损伤电缆或导线的棱角；正常紧固时不得产生永久变形和自行转动；不允许用绝缘材料部件传递接点压力。

④用于连接多股线的连接件须采取措施，防止导线松股；使用铜铝导线连接时，应采用铜铝过渡接头。

（3）充油型电气设备

这类设备是将可能产生电火花、电弧或危险温度的带电零、部件浸在绝缘油中，使之不能点燃油面上方爆炸性混合物的电气设备。

充油型电气设备的安全要求：

①充油型设备外壳上应有排气孔，孔内不得有杂物。

②油量必须足够，最低油面以下油面深度不得小于 25 mm，油面指示必须清晰，油质必须良好。

③油面温度 T1—T4 组不得超过 100℃，T5 组不得超过 80℃，T6 组不得超过 70℃。

④充油型设备应当水平安装，其倾斜度不得超过 5°。

⑤不得移动运动中的充油型电气设备，其机械连接不得松动。

（4）充砂型电气设备

这类设备是将细粒物料充入设备外壳内，令壳内出现的电弧、火焰、壳壁温度或粒料表面温度不能点燃壳外爆炸性混合物的电气设备。

其安全要求：

①充砂型设备的外壳应有足够的机械强度，其防护不得低于 IP44。

②充砂型设备中细粒填充材料应填满外壳所有空隙，颗粒直径为 0.25～1.6 mm。

③充砂型设备中所填充的细粒材料含水量不得超过 0.1%。

（5）本质安全型电气设备

这类设备是正常状态下和故障状态下产生的火花或热效应均不能点燃爆炸性混合物的电气设备。

本质安全型电气设备的安全要求：

①本质安全型电气设备及其关联设备外壳防护等级不得低于 IP20。

②本质安全型电气设备的外部连接可以采用接线端子与接线盒或采用插接件，接线端子之间、接线端子与外壳之间均应有足够的距离，插接件应有防止拉脱的措施。

③本质安全电路端子与非本质安全电路端子之间的距离不得小于 50 mm。

④本质安全型设备导线的大小是根据所允许电流的大小选用。

⑤本质安全型电路应有安全栅。

⑥本质安全电路的电源变压器的二次电路必须与一次电路之间保持良好的电气隔离。

（6）正压型电气设备

这类设备是向外壳内充入带正压的清洁空气、惰性气体或连续通入清洁空气，以阻止爆炸性混合物进入外壳内的电气设备。

正压型电气设备的安全要求：

①正压型设备的外壳防护不得低于 IP44。

②正压型设备的外壳内不得有影响安全的通风死角。正常时，其出风口气压或充气气压不得低于 196Pa。当压力低于 98Pa 或压力最小处的压力低于 49Pa 时，自动装置必须发

出报警信号或切断电源。

③正压型设备应有联锁装置，保证运行前先通风、充气。

④这种设备在运行中，火花、电弧不得从缝隙或出风口吹出。

（7）无火花型电气设备

这类设备是在防止产生危险温度、外壳防护、防冲击、防机械火花、防电缆事故等方面采取措施，以防止火花、电弧或危险温度的产生来提高安全程度的电气设备。

（8）特殊型电气设备

这类设备是上述各种类型以外的或由上述两种以上形式组合成的电气设备。

二、防爆电气线路的安全要求

爆炸危险场所的电气线路，其配线方式、导线的允许截面、导线的连接方式和敷设方法等，均应符合《爆炸危险场所电气安全规程（试行）》的规定，并尽可能敷设在爆炸危险较小的区域或距离爆炸能释放较远的地点，避开易受机构损伤、振动、腐蚀、粉尘和纤维积聚以及有危险高温的区域，具体安全要求如下：

①严禁架空线路跨越爆炸危险场所。当架空线路与爆炸危险场所附近时，架空线路与爆炸危险场所边界的距离至少应为杆塔高度的1.5倍；在特殊情况下，对于10 kV及以下线路，只有采取有效措施（如减小档距和拉力、加强紧蛎、加大导线截面、加强绝缘等），才可适当减小距离。

②在电气线路上，应根据需要安装相应的保护装置，以便在发生过载、短路、漏电、接地、断线等故障时，能自动报警或切断电源。因此，低压系统应为三相五线制或单相三线制系统。在相线和工作零线上，一般均应装有短路保护装置。至于3～10 kV电缆线路，须装设零序电流保护装置；若电缆线路位于0区和10区，零序电流保护装置宜动作于跳闸。

③在爆炸危险场所，为了防止爆炸性气体通过电缆沟、钢管、保护管和敷管时留下的孔洞，造成不同危险区域之间或危险区非爆炸危险区之间串通，必须采取隔离密封措施。供隔离密封用的连接部件，不得作为导线连接或分支之间。

④为了保证自动切断故障线路，0区、1区和10区内的中性点直接接地的1 000V以下线路，其接地线的截面，应保证单相接地的最小短路电流至少为保护该段线路的熔断器熔体额定电流的5倍，或自动开关瞬时（或短延时）过电流脱扣整定电流的1.5倍。

⑤为了提高接地的可靠性，接地干线应在爆炸危险场所不同方向的两处以上与接地体相连。

⑥爆炸危险场所的电缆和导线的额定电压不得低于500 V，除照明回路外，线路不得有中间接头。应采用相应防爆类型的接线盒，接头应采用钎焊、熔焊或压接。禁止使用绝缘导线明敷设。引入防爆充油型设备的线路应采用耐油型导线。

⑦在线路敷设地点应有良好的通风条件，以降低该地点的爆炸性混合物浓度。当自然通风不能满足要求时，应考虑采取机械通风措施，以保证爆炸性混合物和新鲜空气对流畅通，防止出现阻塞回流现象。

三、电气防火防爆措施

电气火灾通常是因为电气设备的绝缘老化、接头松动、过载或短路等因素导致过热而引起的。尤其是在易燃易爆场所，上述电气设备的隐患危害会更大，所以说，电气防火、防爆措施是综合性的措施。为了防止电气火灾爆炸事故的发生，必须相应地采取防火防爆措施：

①经常检查电气设备的运行情况，检查接头是否松动，有无电火花发生，电气设备的过载、短路保护装置性能是否可靠，设备绝缘是否良好。

②合理选用电气设备和电气线路。有易燃易爆物品的场所，安装使用电气设备时，应根据爆炸危险环境的特征和危险物的级别和组别选用防爆设备；安装电气线路时，绝缘导线必须密封敷设于钢管内。并保持电气设备和电气线路安全运行。

③消除或减少爆炸性混合物。在爆炸危险场所中消除或减少爆炸性混合物属一般性防火防爆措施。例如，采取封闭式作业，防止爆炸性混合物泄漏；清理作业现场积尘，防止爆炸性混合物积累；设计正压室，防止爆炸性混合物侵入；采取开放式作业或通风措施，稀释爆炸性混合物；在危险空间充填惰性气体或不活泼气体，防止形成爆炸性混合物；等等。

④在爆炸危险环境，应有良好的通风设施。在易燃易爆危险场所运行的电气设备，应有良好的通风，以降低爆炸性混合物的浓度。其通风系统应符合有关要求。

⑤在爆炸危险环境中，安装报警装置。当混合物中危险物品的浓度达到其爆炸下限10%时，报警装置应立即报警。

⑥采取必要的隔离措施。隔离是将电气设备分室安装，并在隔墙上采取封堵措施，以防止爆炸性混合物进入。

⑦保持必要的安全间距是电气防火防爆的重要措施之一。为防止电气火花和危险高温引起火灾，凡能产生火花和危险高温的电气设备周围不应堆放易燃易爆物品。

⑧保持设备清洁有利于防火。设备脏污或灰尘堆积既降低设备的绝缘又妨碍通风和冷却，特别是正常时有火花产生的电气设备，很可能由于污垢过多而引起火灾。

⑨爆炸危险环境的接地和接零。在易燃易爆危险场所的接地和接零比一般场所要求高。不论其电压高低，正常不带电装置均应按有关规定可靠接地（或接零）。

⑩ 在爆炸危险环境，应尽量少用携带式电气设备，少装插销座和局部照明灯。

⑪为了避免产生火花，在爆炸危险环境更换灯泡应停电操作。

⑫在爆炸危险环境内一般不应进行测量操作。

⑬在爆炸危险环境，必须将所有设备的金属部分、金属管道、以及建筑物的金属结构全部接地（或接零）并连接成连续整体，以保持电流途径不中断。

第六章
触电事故案例分析

案例一　不懂电气安全常识导致触电事故

死者情况　×××　男　32岁　工地负责人
时　　间　1989年9月19日
地　　点　某建筑工地搅拌机电门箱前

一、事故经过

某建筑工地新装了一台搅拌机。上午电工接上线就走了。下午工地开始使用搅拌机时，发现转向错了，工地没有电工，工地负责人就自己去摆弄电门。他边摆弄边说：“这事很简单，把两根线一倒就行了。”于是他把三相刀闸开关拉下，伸手去抓开关电源侧的导线。结果手握导线触电死亡。

二、原因分析

这位工地的负责人认为将刀闸开关拉下，不管开关的哪一侧都没有电了，于是就伸手去抓导线，结果死亡。

三、事故教训及防范措施

一些不懂电气安全常识的人认为：开关拉开后就没有电了，不去区分开关的电源侧和负荷侧，就去摆弄开关。还有人拉开了电灯的单相开关后认为，灯都不亮了，哪里还有电？

在触电死亡的人员中，有许多不是电工，不懂电气安全常识，却去为电气设备接线、维修，操作电气设备，导致触电事故。如某人，手拿用电器的两根线去接电，接上一根后，用手去修理另一根线头。他认为两根线都接上去才能有电，没想到电已经从用电器传到另一个线头上，结果触电死亡。

为了防止这类事故发生，一是要严格执行电气安全规程，不是电工，不许安装、维修电气设备；二是要开展全员的电气安全教育，现代社会中需要大家都懂得电气安全常识。

案例二　错接水泵电源线造成的触电事故

死者情况　×××　男　24岁　力工

时　　间　1990年8月3日16时

地　　点　某工厂1 600吨水压机基础工程施工工地

一、事故经过

建筑公司施工。工程需一边排水，一边施工。当基础工程进行到8 m深时，一台三相潜水泵发生故障。工长吩咐电工甲和乙立即将备用的水泵换上。甲、乙两人接好电源线后，开始试验水泵的正、反转。工长安排一人守着电闸，这边“合闸”的命令刚一下，正在水里施工的五名工人突然大叫“有电”，纷纷乱跳乱蹦向外跑。虽然切断了电源，但是离水泵最近的工人×××已躺在水中，经送医院抢救无效而死亡。

二、原因分析

控制潜水泵的开关，安装在距离潜水泵20 m远处的开关箱内，从开关到潜水泵的四芯橡胶护套电缆线中间有接头，导线的颜色不甚明显，电工在接线时错将电源的一相线与接在水泵的外壳上的保护零线接在一起，送电后，使水泵外壳和周围水面带电，造成5名工人触电的悲剧。

三、事故教训及预防措施

这起严重的触电事故纯属电工的责任心不强造成的，为此两名电工被追究法律责任。这样的接线容易出错，应该仔细去接，接好线后认真检查；并用万用表核准接线是否正确。检查无误后，再将潜水泵送到工作位置，最后接通电源，试验相序。另外，像这样工人必须在运行的潜水泵周围工作时，应安装额定漏电动作电流不大于30 mA的漏电保护器，并且每天工作开始之前检查保护器是否正确动作。敷设在这样潮湿地方的电源线，不允许有接头，如果必须有接头，接头必须有防水措施，并架空敷设。开关箱应距离潜水泵近一些，缩短导线的距离，并随时能够控制水泵的工作状态。

案例三　错接插座电源线造成的触电死亡

死者情况　×××　男　28岁　水暖工

时　　间　1989年5月24日

地　　点　某培训中心卫生间内

一、事故经过

某工业公司在海滨城市新建一所干部培训中心，已基本竣工，为迎接当天省城来的领导验收检查，培训中心管理人员决定尽快将领导住的房间内的淋浴设备安装好。于是安排水暖工×××将买来的电加热淋浴器尽快安装好。×××安装好淋浴器后，用插头接通电源，正在打开热水阀门时，手推阀门，惨叫一声，跪倒在地上。这时正在房间内整理卧具的两名服务员听到叫声，来到卫生间一看，×××跪倒在地上，手握铁管。一边询问他怎么了，一边上前去扶他，谁知刚一接触他身体，感到有电，慌忙去喊人，切断电源，将水暖工送至医院抢救无效而死亡。

二、原因分析

现场试验发现，加热器的外壳和水管都带电，对地电压为相对地电压。进一步检查发现，墙上的单相三极电源插座中的接地极（有标志）带电。接地极带电的原因是电工接线时，将相线直接接到接地上。所以当加热器的三极插头一接上后，与加热器的外壳连接的整个金属管道都带电，加上卫生间地面积水，环境恶劣，水暖工握住阀门后无法自主摆脱，造成水暖工触电死亡。

三、事故教训及预防措施

这起事故的主要责任者也是电工。电工接线时马马虎虎，接线后又不认真检查，导致严重后果。据了解在使用电加热淋浴器时，触电伤亡的情况时有发生。现在国内采用电加热的淋浴器不少，这种电加热的淋浴器有的采用电阻丝直接埋在水里的方法加热，有的采用碳棒利用水电阻加热，这种加热方法常使加热器喷出来的水和加热器本身带电。淋浴时，人体电阻很小，水电交加，是非常危险的。而且，这样的加热器，通常的防护措施，如接零保护、漏电保护，很难加上去，更增加了危险程度。

为防止触电事故，有关部门应尽快制定电加热淋浴器的生产标准；对无法保证人身安全的产品，坚决禁止生产、销售、使用。

案例四　由于错接照明线造成的触电死亡

死者情况　×××　男　24岁　瓦工
时　　间　1988年7月4日
地　　点　某化工厂新建仓库内

一、事故经过

某建筑公司为某化工厂新建一座仓库。傍晚，仓库新抹了水泥地面。工长安排瓦工×××和另一名工人半夜为新抹的水泥地面“压光”。为晚上工作需要，电工在现场临时架设照明线。照明灯排在一根木棒上，木棍依在铁丝上。“压光”时采用倒退方法施工。当×××退到临时照明灯时，为防止灯头晃动，撞碎灯泡，就左手握住灯头，右手拿起木棍向后移动照明线，当他抓住灯头时喊叫一声触电倒下。另一名工人听到喊声，看到×××手握灯头倒在地上，将电源切断，喊来了人，把×××背送到医院。到医院时，×××已经死亡。

二、原因分析

1．电工在接照明灯线时，错误地将相线接在灯头的螺口上。灯泡和灯头配合不好，灯泡的一部分螺纹露在外面。所以送电后，灯头有裸露的带电部分。

2．照明灯安装架设不符合要求，灯的高度只有 1.5 m，伸手就可握住。

3．死者不了解安全常识，站在潮湿的地面上，用湿手去抓握灯头。

4．触电后，没有就地正确抢救。半夜向路途较远的医院送，贻误了抢救时间。

三、事故教训及防范措施

照明灯接线虽然并不复杂，但每年在此触电死亡的人数量不少，主要原因是照明灯线不按规定要求安装接线，特别是各种临时照明。触电死在照明灯上的人大都是不懂电气安全常识的人。有人误认为：开关已经切断电源，灯头没电，或者认为灯泡不亮，灯头没电；有人认为照明灯简单，谁不能弄？还有人是在潮湿情况下摆弄灯头触电死亡的。

1．安装照明灯时，单极开关必须控制相线，相线必须接在灯座芯位上；较危险场所的照明灯应采用双极开关控制。

2．在潮湿等危险情况下的局部照明或移动灯，应采用安全电压；一般情况下应安装高灵敏度的漏电保护器进行保护。

3．加强安全教育，不懂电气安全常识的人，不能随意摆弄灯头。

案例五　零线断线造成的触电死亡事故

死者情况　×××　男　23 岁　力工

时　　间　1988 年 9 月 23 日

地　　点　某粮库存储粮场

一、事故经过

×××是某粮库招用的劳务工人。9 月 23 日晚上×××和其他工人一起将火车上的粮食搬运到粮库，×××在火车上负责将粮包抬到皮带输送机上。干了一阵后天气太热，×××脱掉衣服光着身子干。当×××一手扶住货车门框，另一手触到皮带运输机架子时，突然触电，摔下火车死亡。

二、原因分析

×××系触电死亡。经检查皮带运输机的电气线路和电动机绝缘情况良好，接零保护也无问题，×××工作现场没有其他可触及的电气设备，那么电是从何处来的呢？

在工作现场附近有一照明灯。当照明灯的开关合上后，灯不亮，与大地绝缘的皮带运输机的金属部分却带电，电压值等于相对地电压。根据此情况判断，皮带运输机带电的原因是零线上某处断线造成的。经过沿线寻找，在距事故地点的 150 m 远处的干线上发现由铜线过渡到铝线时，接线处严重氧化腐蚀，接触不良，使零线处于断线状态。这样当照明灯合上开关后电路不通，但电压却沿着零线和皮带运输机的保护零线加到皮带运输机的金属结构上，当×××手摸皮带机时，另一手把住货车门框，电流通过两手货车和道轨入地回到电源，形成通路。使×××触电死亡。

三、事故教训及防范措施

零线接线特别是零干线断线，是一种严重的故障状态。由于零干线断线，能造成中性点位移，三相电压不平衡，使单相电气设备烧损，特别是居民供电区域内，将使大量的家电烧毁。更严重的是将使断线处以下所有采取保护接零设备的金属外壳上带电，严重危及人身安全。尽管可以采取重复接地的补救措施，但并不能解决根本问题，所以保证零线的连续、可靠、接触良好是很重要的。

由于铜铝接触时产生电化学作用，加快接触处的氧化、腐蚀，使接触不良。为保证零线的安全可靠性，一般不应该采用铜、铝线两种金属材料连接。在必须这样做时，应采用过渡性连接材料或其他措施，并应定期进行检查。

案例六　零线上安装熔断器造成的触电死亡事故

死者情况　×××　男　39岁　木型工

时　　间　1985年10月28日

地　　点　某厂铸造车间木型室

一、事故经过

28日快下班时，在车间里工作了一天的木型工×××停下手里的工作，收拾好了工具，回到自己的木型组。打开灯，灯只发出微弱的暗红光。他心想前天灯就有问题，今天还没修理。他先洗了脸，又打了一盆热水，放在木工车床旁边，坐在小凳上洗脚。洗完脚后，他移动身体去取放在机床上的擦脚布，万没有想到车床这时成了一只吃人的“电老虎”。他手刚触到车床，便感到一阵强烈刺激而无法摆脱……

过了20分钟，下班的工人喊他一起走，推门一看，发现他两手握在车床上，双膝跪在地上，两脚还在盆里。经送医院抢救无效死亡。

二、原因分析

木型室供电线路的进户线为三相四线，到开关箱后分为动力回路和照明回路，分别用HK2型瓷座胶盖刀闸开关控制。动力回路为木工车床供电，车床采用保护接零，照明回路为木型室的白炽灯供电，白炽灯的功率为200W，照明回路零线上的铅丝为5A，已经熔断，照明回路只能经零线和车床的地脚螺丝回到电源处，所以当时灯只能发出暗红的光。当×××手触到机床，这时220V中大部分的电压都加在他的身上，加上正在洗脚，所以造成触电死亡。

三、事故教训及防范措施

从这起事故中应汲取的主要教训是零线上不应安装熔断器，熔断器是一种保护元件，它随时可能熔断。熔断器熔断后，零线断开，就会出现严重的后果。正确的接线应该在木型室的开关箱处把工作零线（中性线N）和保护零线（PE）分开，保护零线应不经开关控制，这样可以保证保护零线的连续可靠，从而真正起到保护作用。

另外，事故发生的前两天；已经发现照明灯不正常，因为第二天是工厂休息日，所以无人问津这件事。上班后又没引起重视，把这件事忘了。直到傍晚掌灯时才想起这件事，因快要下班了，仍没有及时修理，直到最后发生了事故。

案例七　堵气修理电灯触电死亡

死者情况　×××　男　24岁

时　间　1986年8月13日

地　点　某建筑施工工地

一、事故经过

某建筑公司施工工地搅拌机棚内的照明灯前一天已经损坏，这天天快黑了，负责给搅拌机上料的工人×××去找电工修理。电工正在工棚里与别人“侃”得起劲，便不耐烦地说等一会再去。过了一会儿，×××见没来人修理，又去找电工，电工训斥道：“着什么急，天还没黑呢！”×××碰了钉子，憋了一肚子气，边走边骂：“有什么了不起，不用你干，我自己干。”于是他自己把灯头上的开关关掉，就开始摆弄灯头。突然他喊叫一声，抓住灯头不放，周围的人见情况不妙，立即切断电源。×××随之倒下。

二、原因分析

由于开关在灯头上，所以虽然开关切断电源，但灯头上仍有带电的部分。×××认为灯头已经没有电，就随意去摆弄灯头，结果触到带电的部分。又由于施工现场地面潮湿，流过人体的触电电流较大，使其死亡。

三、事故教训及防范措施

1．不是电工，不懂电气安全常识，赌气去摆弄电气设备，这是不对的。

2．电气设备有问题，电工应及时处理，这位电工没有做到。电工对工作极端不负责任，作为电工，应该承担责任。

3．施工现场照明灯具选用不当，不应采用开关在灯头上的灯具，这样经常去触摸灯头是很危险的；另外照明灯具应该按规定要求的高度架设，不应人伸手即可摸到。

案例八　他是怎样死在电烙铁上的

死者情况　×××　男　29岁　厂内铲车司机
时　　间　1986年5月23日
地　　点　某车间维修间门前空地上

一、事故经过

1986年5月23日，改换工种后第一天担任厂内翻头车司机的×××，触电死亡。这个身壮如牛的小伙子，死在一把小小的电烙铁上，使许多人感到震惊和迷惑。一天中午，这个勤奋的小伙子在维护车辆。他发现车内的蓄电池漏酸，就找一位老电工给接好电烙铁，开始用电烙铁熔化蓄电池表面的沥青，封死漏酸处。他俯身焊了一会儿，突然触电，面带惊恐，对走过来的一名工人喊道："快拉电门！"正在这位工人进屋去拉电门时，听到身后一声惨叫，回头看到×××摇晃走了几步，摔倒在地上。送医院后，经长达6小时的抢救仍无效而死亡。

二、原因分析

翻头车司机死亡的原因是电烙铁接线错误，使烙铁金属壳体和烙铁头带电。这把烙铁本身带一个三极插头，其中一极与烙铁外壳连接。由于线不够长，需要加长，加长部分的线是一段二芯的胶皮软线。老电工将加长线的一端其中一根线缠绕在插头上的一脚和接地脚上，另一根线缠绕在另一脚上。加长线的另一端捅到屋内的两孔插座里。又由于没有检验相别，接错了线，使烙铁外壳带电。这种情况，根本不允许将接地脚与其他任何一脚相连。×××并不知道，他俯在驾驶室里焊接时，侧身一手抓住车体，一手进行熔焊，当烙铁接触到车体，他感到触电，当别人去拉电门时，他将烙铁扔到车体上，一手抓住带电车体，加上他脚穿一双带钉子的破皮鞋，站在湿水坑内，所以触电回路电阻小，电流大，使其死亡。

三、事故教训及防范措施

这种错误的接线是一位八级老电工接的！他为什么会接错呢？是责任心不强。该吃中午饭了，这时来找干活，真是的。所以他马马虎虎地接上线，而同一屋内就安装了有漏电保护器的插座，他却没接到这个插座里，失去了应该起到的防护措施。这位老电工万万没有想到，一时疏忽接错了线，会造成这样严重的后果。具有讽刺意义的是在几个月前的安全考试中，试卷上有一道类似题目，当时他还答对了。

这起事故，不仅对这位老电工是极深刻的教训，所有的电工都应受到教育。对工作应有高度责任感，工作中的任何一点马虎，都可能对他人的生命造成严重威胁。

案例九　话筒能电死人吗

死者情况　×××　男　47岁　俱乐部放映员兼电工

时　　间　1986年3月10日

地　　点　某厂俱乐部舞台上

一、事故经过

开会常用的话筒能电死人吗？　1986年3月10日某厂俱乐部放映员就是手持话筒触电死在俱乐部的舞台上。这天下午上级领导部门要借用该厂俱乐部召开“市先进人物汇报报告会”，中午工厂有关部门通知俱乐部的放映员×××，准备好俱乐部的音响设备。

这是一座新建的俱乐部，刚刚投入使用，第一次召开大会。俱乐部用的扩大机布置在舞台侧面的二层阁楼上。阁楼用金属构架搭起来的（构架直接接地）。扩大机采用单相220V电源供电，电源线为三芯的橡胶护套软线（其中一根接地线直接接在扩大机的金属壳体上），无插头。×××就将三根线头中的接地线和工作零线拧在一起，将三个线头变为两个线头，然后将两根线头插到配电板上的单相两孔插座里。接好扩大机电源后，他从阁楼下到舞台上，走到放话筒的讲桌前，试验一下话筒的音响不好，就把话筒从话筒座上取下，右手握住话筒，边走边试验，准备到阁楼上调试扩大机。当其左手刚接触阁楼的铁梯子时，就触电摔倒在铁梯子上，经抢救无效死亡。

二、原因分析

×××在接线时没有分清相线和中性线，以致把拧在一起的线接到相线上，使扩大机外壳直接带电。话筒线的外层有一金属网状的屏蔽线，这层线与扩大机的外壳连接在一起，因此话筒外壳也带电。开始时由于他脚穿绝缘胶鞋站在舞台的地板上，此时无电流通过他身体，所以他毫无感觉。当他左手扶住铁梯时，由于铁梯接地良好，电流经两手之间流入大地，导致×××触电死亡。事故后，实测麦克风对铁梯的电压为200V。

三、事故教训及防范措施

这也是由于接线错误造成的触电事故，不过受害者是自身。俱乐部舞台的配电板上有各种插座以使与各种插头的用电器具配合使用，但扩大机的插头却不知何时被撤掉。俱乐部放映员只考虑到能够接上电源，没有考虑到保护线应如何接，随随便便把两线头拧在一起，结果将自己电死。

俱乐部的舞台从防触电的角度来看，是危险性较小的环境，但由于安装阁楼采用了金属构架，破坏了这个环境，这也是不应该的。

案例十　潜水泵绝缘损坏导致触电事故

死者情况　×××　男　22岁 养鱼工

时　　间　1989年9月20日

地　　点　某水库1#养鱼池

一、事故经过

某水库需要用潜水泵把1#鱼池中的水抽干。当鱼池中的水快抽干时，稀泥和杂物将潜水泵进水孔堵住，×××挽起裤角，赤脚下去清理。当他用手接触潜水泵时，触电倒在水里，经送医院抢救无效而死亡。

二、原因分析

经检查，潜水泵绝缘失效，打开潜水泵电机检查，发现里面已进了泥浆，电机在运行时将定子绕组磨漏，使绝缘失效，导致潜水泵金属外壳带电。运行中的潜水泵又没有采取接零保护和安装漏电保护器等安全防护措施，导致死亡事故的发生。

三、事故教训及防范措施

由于潜水泵是在水中工作的移动式电气设备，所以发生在潜水泵上的触电事故是很多的。常发生的情况有：电机进水、进杂物或受潮使绕组绝缘损坏失效；水泵电源线进线处磨损、受力、被线夹卡破漏电；水泵电源线破皮、老化、龟裂或者接头处松散等使电线漏电；有的潜水泵没有接零（接地）保护线，有的虽有，但在现场无法实施。

潜水泵在每次使用前要进行外观检查和绝缘情况测试，发现问题必须立即维修，严禁带故障使用。使用中，不停电时禁止接近潜水泵。使用后要进行必要的维护和妥善保管。

案例十一　在电力线路附近作业触电死亡事故

死者情况　×××（甲）　男　42岁　水暖工

　　　　　×××（乙）　男　28岁　水暖工

　　　　　×××（丙）　男　50岁　工程师

时　　间　1991年9月17日14时

地　　点　某工厂宿舍楼五楼花台上

一、事故经过

某区新建热电厂开始实施集中供热。区房管处为某厂的宿舍楼安装暖气。9月17日下午开始给×××（丙）家安装。×××（丙）家五楼窗外有一花台，安装用的一些材料从外面用绳索直接吊上去。工人×××（甲）、×××（乙）和协助安装的×××（丙）站在花台上，下面的几位工人捆好一根6.13 m长的铁管，上面的三人合力向上拽拉。当拉到花台边缘时，需将竖直方向的铁管改为水平方向进入窗户，于是三人用力将铁管上端向下压。铁管的另一端碰触到10 kV高压线路上，顿时一声响，一团火光，三人同时被击倒，身子压住铁管，弧光放电将三人多处烧焦，长达20多秒钟后，×××（甲）、×××（乙）从花台上坠落，×××（丙）倒在花台上，三人同时惨死。

二、原因分析

由于6.13 m长的铁管很难从楼梯搬上去，于是决定用绳索吊上去。施工时施工负责人没有注意到离×××（丙）家花台外面2.4 m处有一10 kV的电力线路，也没有向参加施工的人员交代，更谈不上采取措施保证安全。虽然有的工人看到电力线路，但认为不会碰到它，所以没有加以注意。

三、事故教训及防范措施

这起事故的原因一目了然，施工者违反有关规定从窗户向楼内吊运安装材料，事故引起的教训却很深刻。在事故发生前，电力架空线路就架设在眼前，谁也没有注意到它是一只会吃人的“电老虎”，待到事故发生后追悔莫及。

据某计划单列市统计，仅从1986年到1991年的6年中，在电力线路附近进行建筑施工、起重吊装、地质钻探、架设安装，搬运长大物体等作业时触及电力线路死亡36人。

预防这类事故，既不需要尖端技术，也不需要耗费太多财物，更不需要贵重设备，只需要加强管理，采取适当措施：

1．经常在电力线路附近作业的单位应制定相应的规章制度，根据情况提出在电力线路附近应如何作业。

2．在电力线路附近作业时必须有确保安全的组织措施和技术措施。

3．组织措施是指领导亲临现场，制订施工方案，安排有经验的人现场指挥，设立专人、专职进行现场监护；作业前在现场对全体参加作业的人员进行安全教育，做好安全技术措施交底和落实工作。

4．技术措施是指作业时设备和人员与电力线路应保持的安全距离。如果达不到安全距离要求，应采取可靠的安全技术措施。如停电措施或设置绝缘屏护墙、篱笆墙、尼龙安全网等。

5．在易触及地区的配电线路应尽量采用绝缘导线或电缆供电。

案例十二　由于没有采用安全电压造成的触电事故

死者情况　×××　男　23岁　力工

时　　间　1992年9月29日

地　　点　某新建加油站油库内

一、事故经过

某工程队承包新建加油站油库内的设备安装工程。×××协助气焊工进行管路焊接。油库内无门窗，采光不好，于是他们用两根塑料线拉了临时照明灯。他们焊完最后一道焊缝后，焊工说："我把工具先拿出去，把电门拉下来，你把灯和电线收拾好拿出去。"焊工出来把电门拉下。过了一会不见×××出来，就走进油库内寻找，到现场一看，×××躺在地上，灯头扔在一边，灯泡已摔碎。焊工急忙将其抬出送到医院，抢救无效死亡。

二、原因分析

尸体表面检查发现，×××右手掌小拇指根部和左脚有电流烧伤的痕迹。检查灯具发现，灯线的相线接在灯头的螺口上，灯泡的螺口有裸露。由此可见，当焊工没有切断电源时，×××已开始收拾灯和灯线。当×××右手握住灯头时，手触到灯头裸露处触电。

三、事故教训及防范措施

油库内地面到处都是脏水，非常潮湿，而且工作现场周围有许多金属罐体和管路，工作现场比较狭窄又需随时移动工作地点，照明灯具需手提移动。在这样的环境里采用的临时照明，没有用12V的安全电压和安全手持行灯灯具，而是采用220V和普通灯具照明，其危险性可想而知。

案例十三　检修中误送电造成的触电死亡事故

死者情况　×××　男　26岁　电工

时　　间　1987年8月24日

地　　点　某修船厂的海堤上

一、事故经过

一艘冷冻船停泊在某修船厂附近的海面上待修理，船距码头有30 m距离。为保证冷冻船上设备正常工作，采用岸上电源临时供电。供电的电源箱距海堤有20 m，供电线路采用塑料绝缘电缆，中间有处接头，位置恰好处在海堤上。由于风浪影响，电缆受力，接头处断开。厂里安排电工×××恢复冷冻船的供电。×××坐在海堤边上接电缆线的断头。过了一会儿，焊接班长安排焊工去码头修理一罐体。焊工来到码头，看到电焊机线已接好，开关的负荷侧还接了线，他顺线来到码头看了一下，四周一个人也没有（他和电工之间恰好隔了一个大包装箱），视线被挡住了，就去合上闸，开始焊接。电工正在包扎接头，突然一阵强列的刺激使之掉进海里。冷冻船上的人开始以为电工跳到海里游泳，一看电工在水里不动，感到不好，开始大声喊岸上的人，等岸边的人赶到停了电，将电工从海里捞起，电工已死亡，此时焊工仍没弄明白发生了什么事情。

二、原因分析

电焊机接在此开关上时间较长，后来冷冻船来了，开关箱内只有这一台开关的容量能满足要求，所以也接在这台开关上。焊工要作业，看到开关被拉下，却没发现有其他异常情况，就合闸，使正在绑扎电缆线的电工触电，掉到海里死亡。

三、事故教训及防范措施

1．停电检修电气设备时，应该彻底切断电源，并将熔断器拔掉。

2．为了防止有人误合闸，所以应在停电闸刀上挂上“禁止合闸，有人工作”的标志牌。

3．为防止各种意外情况，要根据现场情况，采取其他措施，如将开关箱锁上，将负荷线短路或撤掉，派人看住开关箱等。

4．末端开关箱里的一个开关不应控制两个回路或两台以上设备。

案例十四　检修中误停电造成的触电事故

死者情况　×××　男　37 岁　学员电工

时　　间　1992 年 5 月 29 日

地　　点　某厂工具车间

一、事故经过

5 月 29 日上午×××与其他三人一起清扫吊车滑线。9 时 50 分左右，一人拉下滑线供电的铁壳开关的操作手柄，在场的另一人同时听到机械“咔嚓”响了一声，表示开关被拉开了。然后他们竖起了铝合金梯子，×××登上梯子开始工作。当他上到滑线处，用右手抓住滑线中相，左手抓住滑线下面一相时，全身开始抖动，一会儿，他从 4.15 m 高处跌下，送医院抢救无效死亡。

二、原因分析

检查铁壳开关，当开关操作手柄向下拉到一定程度，听到“咔嚓”一声响时，检查开关动、静触头，没有分开，继续按下操作手柄，动触头才迅速分开。可见检修之前，虽然拉下开关操作手柄，但没有拉到底，开关并没有切断电源，是造成这次事故的直接原因。

三、事故教训及防范措施

1．停电检修时应彻底切断电源，检查动、静头是否真的分开，并拔掉铁壳开关里的熔断器，而不应该根据响声来判断开关是否已经拉开。

2．开关拉开后应有监护人进行核实，并采取防止误合开关的措施。

3．在开始工作时应该逐步、逐相验电，确实无电后，才能开始工作。

案例十五　拉开两级开关仍然触电死亡

死者情况　×××　男　19岁　电工
时　　间　1986年8月26日
地　　点　某建筑施工工地

一、事故经过

某建筑工地正在紧张施工，搅拌机和好了水泥后停下来。一会儿一位工人推车过来接水泥，正在搅拌机向外倒水泥时，手扶推车把手的工人突然感到触电，大喊“有电”。于是停止工作，找来电工修理。电工×××来后，用验电笔一测，搅拌机外壳果然有电，就把搅拌机上的开关拉开，再测仍然有电，就跑到前一级开关箱，拉开了控制搅拌机回路的闸刀开关。这时，他认为不会再有电，没再验电，就伸手抓住搅拌机动力箱的铁门，只听“啊”的一声，×××就倒下了。在场的人员立即扯着他的裤角，将他拉出，送到医院抢救无效死亡。

二、原因分析

控制搅拌机开关箱的电源是从总的配电箱送出的。总配电箱里控制搅拌机回路开关的三相导线中有一相是黑色的，而没有经过开关的中性线是灰白色的。就在搅拌机和好水泥后，工地“二包”队伍的一位电工，要为本队临时接一照明灯，他把开关拉开，负荷线撤掉，接好照明。在恢复原负荷线时，他认为黑色线应该是中性线，就把黑线和原来的中性线互换了一下，把原来的中性线接到电源的相线上，使与中性线连在一起的搅拌机外壳带电。当电工×××拉开两极开关时，由于三相开关并不能切断中性线，所以搅拌机仍然带电，导致电工×××触电死亡。

1．原接线中总开关箱内的相序并没有按习惯做法把黑色线作为中性线，埋下了造成事故的隐患。

2．“二包”队伍的电工在恢复原接线时，主观地把相序倒过来，使搅拌机带电，是造成事故的直接原因。

3．电工×××在检修中虽拉下二级开关，但并没有切断中性线（保护线），又没有认真地验电，也是事故发生的原因。

三、事故教训及防范措施

1．停电检修时，一定要彻底切断电源。拉开开关不一定切断电源，停电时不仅要切断相线，还要切断中性线（或保护线）。

2．检修开始前一定要全面验电，不能认为电已经停了，验不验电无所谓。

案例十六　停电检修，误入带电间隔造成的触电死亡事故

死者情况　×××　男　35 岁电工（电气工段长）

时　　间　1990 年 7 月 20 日

地　　点　某纺织厂变电所

一、事故经过

某纺织厂变电所共 16 个低压配电柜、32 个回路（一个柜两个回路）。7 月 20 日，410 回路开关的操作把手损坏。×××（电气工段长）和维修班长李某负责检修。下午 3 时 15 分办理了 409 和 410 回路（同在一个柜）的停电手续，当班的值班人（工作许可人）提醒×××，邻近柜 411 回路是否应该停电，没有被接受。两个人把开关撤下后，×××发现螺丝太长，就指派李某去加工螺丝。两人退出作业现场。3 时 50 分左右，值班员发现×××自己回到现场，走到配电柜后。过了一会，值班员到柜后一看，×××扑在 411 和 412 回路间的铝母线上，两手抓住母线，值班员立即停电、抢救。送医院 4 时 20 分后死亡。

二、原因分析

×××离开工作现场后，发现有个问题没弄清，就自己回来查看现场，结果走错了位置，进入邻近的带电间隔内，当他俯下身体准备查看开关时，两手抓住两相铝母线排，380V 电压加在两只手上，触电身亡。

现场临近检修的回路没有停电，检修回路附近没有设置安全遮拦，悬挂标志牌等措施，在失去监护的情况下，当×××全神贯注地考虑其他问题时，无意识地进入带电的低压柜中，是造成这次触电事故的直接原因。

三、事故教训及防范措施

这起事故直接违犯《电业安全工作规程》（发电厂变电所部门）的规定：

1. 在变电所低压配电柜上从事停电检修工作应填写第二种工作票。参加检修工作的两人是电气工段长和维修班长，对规定应该是明确的，但却没有按规定办。×××指定维修班长为工作负责人（监护人），而在实际工作中×××仍是指挥者。

2. 从事这样的工作至少两人在一起工作；一人应专门负责监护工作；实际上两人都在工作，而没有监护人。

3. 由于低压配电柜之间没有屏护设施，所队临近的回路应停电。×××只凭工作经验，认为不会出问题，尽管值班员提议停电，但×××并没有接受。

4. 按规定在工作现场应设置一个工作区，留出工作通道，使工作人员只能在该区域内工作，同时将其他区域和通道封锁。但现场没有布置这项安全措施。

5. 按规定要求值班运行人员即是工作许可人。在没有工作票和布置安全措施的情况下，工作许可人不应允许工作。当值班员看到×××一个人进入现场又没有及时制止。

这起事故发生在直接负责电气工作的领导身上，领导带头违章，说明该厂的安全管理工作薄弱，安全规章制度不落实。

案例十七 在12V蓄电池上发生的触电死亡

死者情况 ××× 男 31岁 机匠

时 间 1987年1月18日22时

地 点 钢壳小型机动船机仓内

一、事故经过

某油港用小型机动船清除海面上的油污。傍晚，小船靠上在码头停泊的大驳船，利用驳船上的充电器为小船上的12V蓄电池充电。晚上近十时，班长吩咐要躺下睡觉的×××，将小船柴油机内的冷却水放掉（防冻）。×××披上棉衣，穿拖鞋，来到小船的机仓内，放完水后，顺手去拔蓄电池上的充电夹子。他手握充电夹子，一阵强烈的抽搐使他倒在机仓内……过了一会儿，班长见他没回来，就派人去查看，发现他躺在机仓里，伸手去拉他，发现有电，急忙喊人，停电，将其抬出，送附近医院抢救无效，死亡。

二、原因分析

这起事故是由于采用不合格的充电器造成的。充电器用可控硅控制导通角的方法将220V交流电变为低压直流，为12V蓄电池充电（如图6-1所示）。

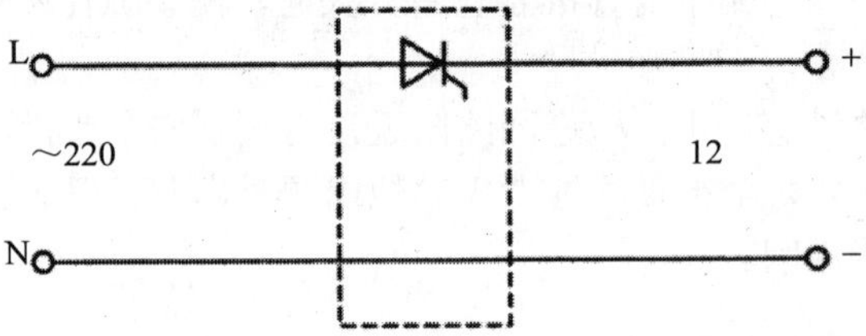

图6-1

这种充电器设计上把一次交流侧的中性线与二次直流侧的负极直接连在一起。当一次侧的电源相线与中性线接反时，二次侧负极对地电压就会上升到相对地电压。现场在大驳船上的充电器的交流220V电源用二芯橡胶护套线，从岸边配电箱里的插座接出的，只是用两根电线头捅到插座孔里。配电箱无专人管理，里面配线很乱，靠岸的船谁都可以来此接电源。开始时充电器电源线的相序正确，后来线头掉出，在恢复时把相线和中性线换了位置。

当×××放完水后，想到充电的时间已到，他认为12V的低电压是不会对人身构成威胁的，所以毫无顾忌地去抓充电夹子，因此导致事故发生。

由此可见，这起事故发生的主要原因是充电器设计上存在严重的隐患，一次侧交流（相对高压）和二次侧直流不应有直接的联系，因为一次侧交流的相线和中性的互换性很大，一旦接错，二次侧将会出现危险的情况。

三、事故教训及防范措施

12V的低电压能够电死人吗？开始有人不信，后经现场试验，大家都看到，经过充电器出来的已经不是12V的低电压，才引起充分的重视，在电气设备上工作不能有丝毫的麻痹和凭想当然去操作。

为了防止这类事故的发生，要坚决制止生产这种存在严重安全问题的充电器，经销单位不应销售这种产品，正在使用的要停止使用。另外要加强对公用的配电箱的管理，扭转有人使用，无人管理的现象。对一些一旦接错相序会出现严重后果的电气设备，要采取可靠措施，防止接错线。

案例十八　电气设备外壳防护不当造成的触电死亡事故

死者情况　×××　男　36岁　汽车修理工

时　　间　1992年4月9日

地　　点　某校办工厂刷洗车场

一、事故经过

某校办工厂要开展刷洗汽车业务，从江苏省无锡县购进了两台QX-1000型高温高压化学清洗机。在安装调试过程中机器打不着火。消息传到原该校毕业生××那里（×××系交通公司汽车修理工，修理柴油机有专长）。于是×××抱着对母校尽力的想法，来到学校，很快修好了机器，开始试刷车。当××手握喷枪头冲刷汽车底盘时，忽然惨叫一声倒下。一工人上前准备扶起他时，感到有电，用脚将手中喷枪踢掉。同时现场其他人切断电源，将其送到附近医院，经抢救无效死亡。

二、原因分析

喷枪头上的电是从哪里来的呢？由于在清洗机外部的金属壳上安装了两个220V熔断器，此熔断器与金属外壳的电气间隙只有2.5 mm，又没有防潮、防淋水措施，当喷枪喷出的水雾飞溅到上面时，熔断器和金属外壳的电气间隙被击穿，使设备的外壳带电。喷枪头通过高压胶带水管里的钢丝与外壳直接连接，所以使喷枪带电。另外，清洗机采用四极插头与电源插座连接，出厂时将插头上应与保护线连接的一极移作工作零线，没有与设备外壳接触，使清洗机失去接零（或接地）保护。这样使设备外壳带电时，无法消除故障。

三、事故教训及防范措施

事故后，经组织有关专家对QX-1000型高温高压化学清洗机进行安全技术鉴定，认为：清洗机上不应安装电气间隙不符合要求的熔断器；清洗机应该按使用环境条件要求，外壳防护等级应达到相关要求；插头上用来实现接地、接零的专用线，不得移作他用。

清洗机也是一种触电危险性很大的移动式电气设备，因此对设备本身应该保证安全要求。但现在普遍使用的清洗机从设计、制造上存在许多隐患，生产制造厂家应改进设计，经安全性能鉴定后生产；同时单位应加强对清洗机的安全管理，保证使用时的安全。

案例十九　由于“相零”回路阻抗大，保护装置拒动作导致的触电死亡

死者情况　×××　男　24岁　力工

时　　间　1992年7月28日

地　　点　某厂建筑安装施工现场

一、事故经过

7月28日中午工地吃完饭后，几名工人在电焊机附近休息。这时×××走过来坐在电焊机上，与别人边说边笑。过了一会，他用手拉电焊机吊环上的铁丝（吊运电焊机时用作吊具），突然他喊叫两声，手握铁丝倒在地下。周围的工人过来搀扶他，发现他身上有电，急忙去把电闸拉下，将其送到工地附近的卫生所，后又转到医院抢救无效死亡。

二、原因分析

工地使用的是一台三相交直两用的电焊机（额定电压 380V），一次侧采用四芯塑料护套硬线（2.5×3+1.5）与25 m远处开关箱内的一台HK2刀闸开关连接，开关内采用3A的铅梯合金熔丝作过流保护，电焊机采取接零保护。保护零线在开关箱一侧用几段导线搭接在零线端子上，另一侧接在电焊机外壳的M4螺丝上。用仪表检查此处已不导通。×××自身的重量和用手拉吊环上铁丝的力量，使电焊机的外壳变形后触到电焊机内部接线端子上，电焊机外壳带电。由于保护零线没有接在专用螺丝上，只接在固定外壳的螺上，此螺丝没有防腐、防锈措施，脏污和锈蚀使“相零”回路的阻抗增大，铅丝没有熔断，失去接零保护意义。

三、事故教训及防范措施

1．当工作结束休息时，电焊机不停电仍处在空载运行状态，这是不允许的。操作者离开焊机时，就应切断电源。

2．电焊机放在地势低洼，周围非常潮湿的地方，无论对设备和人身安全都是威胁。

3．电焊机内部接线端子螺丝与外壳间的放电间隙在出厂时虽然符合要求，但没有考虑到电焊机经过一段使用后外壳变形，造成接线端子螺丝与外壳间的放电间隙发生变化，达不到安全要求。

4．电焊机的外壳没有设计专用的保护接线端子，使实际接线时，只好将接零保护接在固定外壳的螺丝上。

5．应加强对工人的教育，休息时不应随便坐在电气设备上。

案例二十　由于保护方式选择不当导致的触电死亡

死者情况　×××　男　32岁　造型工

时　　间　1991年7月17日15时25分

地　　点　铸钢车间上砂机旁

一、事故经过

这天下午，铸钢车间的造型车间的造型工×××正在操作上砂机为砂箱上砂，他手握上砂机金属操作把手，突然喊叫两声，而后木然不动。当周围的工人弄明白发生了什么事情后，将电源开关拉开，×××随即倒下，经送医院抢救无效死亡。

二、原因分析

这台上砂机是通过附近动力柜里的一台DZ10-100型自动空气开关供电。从上砂机的动力箱里用橡胶护套线与电动机连接，橡胶护套线拖拉在地上，靠近电动机的一段被砂子埋住，使进入电动机的护套线被拉紧，处于受力状态，在进入接线盒进线孔的橡胶护套被剥去。电动机接线盒进线孔的护套也没有了，进线孔处露出锋利的金属刃口。上砂机在运行时处于振动状态。接线盒进线孔的金属刃口很快将护套线磨破，导线与电动机外壳直接接触，使上砂机带电。操作者站在潮湿的砂上操作，使其触电死亡。

这起事故的原因是保护方式选择不当。这个车间由一台800 kVA的变压器直接供电，变压器中性点接地电阻值为1.5Ω，利用三相四线制供电。所以，车间内的设备应采用接零保护来防止间接接触触电，而这个车间采用接地保护。这个厂以前发生过设备漏电有人触电的情况，有人认为这是接地不好导致的，于是对整个车间的接地网进行子改进，使接地电阻值降低到2Ω。大家认为，接地电阻值已经大大小于规定的4Ω，是不会有问题的，但事与愿违，还是发生了事故。

三、事故教训及防范措施

1．设备应该定期检修维护，运行中发现问题，尽及时消除。设备容易出现问题的地方如电机进线处、电源线接头处，应该作为检查的重点，要保证安全可靠。

2．为上砂机供电的电源开关容量太大，起不到保护作用。如果电源开关采用DZL15或DZD25型带漏电保护的自动空气开关，将会起到保护作用。

3．将变压器中性点的工作接地与车间内的接地装置连成一体，将提高保护的可靠性和灵敏度。

4．关于防止间接接触保护方式的选择问题是一个比较复杂的问题。国家虽然作了规定，但由于在实施中存在某些问题，因此各地根据当地实际情况也作了一些具体规定。在实际选择接地方式时可参考当地有关规定。

案例二十一　由于失去接零保护导致触电死亡

死者情况　×××　男　22岁　水磨石机操作工

时　　间　1990年6月27日

地　　点　某工业公司新建仓库内

一、事故经过

某工业公司新建仓库开始磨水磨石地面。由于施工队伍的电工不在，就请该工业公司变电所的值班电工为水磨石机接好电源线，交给施工队伍的操作工去操作。工作进行了三个小时左右，水磨石机上的砂轮磨损严重，操作工就把控制电源的转换开关切断，把水磨石机后半部压下去，使前半部翘起，换上新砂轮，放好水磨石机。×××一只手去合上开关，另一只手刚握住水磨石机的扶手，就惨叫一声。在仓库门外的另一名工人听到叫声，手握一把铁锨跑来，看到操作工×××脸上肌肉痛苦地抽搐着。他一边喊人停电，一边用铁锨将×××的手打下来，使其脱离电源。闻讯赶来的人们将×××送至医院，抢救无效死亡。

二、原因分析

电工在接线时对转换开关内没有用到的接线柱上的螺丝没有紧固，也没有采取防松动的措施（如加弹簧垫圈）。水磨石机采用四芯橡胶护套线作为电源线。电工在将电线接入开关内时接了三根相线，把保护线故意切掉，使水磨石机失去接零保护。水磨石机在使用中处于一种振动状态，使一个接线柱上的螺丝松动，当操作工将水磨石机翘起换砂轮片时，这颗螺丝恰好落入接线柱与铁壳之间。当转换开关合上送电时，水磨石机外壳也带电。由于电工接线时把保护零线剪断，使水磨石机失去保护，导致操作工×××触电身亡。

三、事故教训及防范措施

接上保护零线，进行事故状态模拟实验时，熔断器很快熔断，保护接零起到了作用。所以如果电工将保护零线接好，这起触电死亡事故是可避免的。当问到电工为什么要把这根线剪断？他说，我当时认为这根线是多余的。可见电工的安全技术素质是很差的，竟连保护零线的作用都不知道。

这起事故的起因是一颗小小螺丝钉松动，而这颗螺丝钉所以松动是因为电工粗心大意，忽视了这颗小螺钉造成的。由于一颗小螺丝引起的各类电气事故也是不胜枚举的，它告诫我们电工对工作应该一丝不苟，细小的错误可能会导致严重的后果。

另外，水磨石机由于是在水中进行工作的，是一种易发生触电事故的电气设备，因此应该做到：

①加强对水磨石机的管理和维护工作，使其保持良好状态，不能带故障使用，并应定期检查。

②在使用水磨石机时要有可靠的安全技术措施，除采取接地、接零保护，还应该安装使用漏电保护器。

③操作者应该穿戴好防护用品，戴好绝缘手套，穿好绝缘水鞋。

④生产水磨石机的厂家应该改进设计，采用防水性能好的电机和开关。

案例二十二　由于接线错误，漏电保护器拒绝动作导致的触电死亡事故

死者情况　×××　男 18 岁　力工

时　　间　1990 年 8 月 6 日

地　　点　某工厂新建的车辆棚顶上

一、事故经过

某建筑装饰工程公司承包某工厂一座车辆棚的安装工程。工程的屋顶结构采用金属角钢，将轻型材料固定在角钢上作为棚顶。三名工人在棚顶上用手电钻钻孔，然后用螺丝固定棚顶。当上午的工作结束时，×××召唤下面的工人接电钻，他在上面将电钻向下顺，当顺到电钻插头与加长导线衔接处时，突然，他喊叫一声，倒在棚顶上。另外两人过来搀扶他时，才知道他触电，急忙喊下面的人停电，将×××送至医院抢救无效死亡。

二、原因分析

由于手电钻原来的电源线只有约 2.5 m 长，为工作需要，采用一段塑料线加长，加长部分与电钻插头相连接后，用电胶布包好。×××在向下顺电钻时，由于手电钻的自身重量，将接头处的导线拽出，×××握住导线裸露部分触电身亡。

三、事故教训及防范措施

手电钻的电源来自室内配电盘。配电盘上有三个单相插座，一个三相四极插座。手电钻加长后的塑料电源线用插头插接在单相插座内。控制插座的是一台三极四线的漏电保护器（额定漏电动作电流为 30 mA），保护器为什么没起作用呢？原来，保护器刚安装时由于将经过保护器的中性线接到设备外壳上，使保护器误动作，怀疑保护器不好用。后来有人发现，将保护器开关电源侧的中性线和负荷侧的中性线，不经保护器直接接在一起，保护器就不误动作了，于是就采用这种接线方法，使保护器失去作用。

下面的两种接线方法都是错误的，前者导致保护器误动作，后者使保护器拒动作。其原因是：

第一种接线如图 6-2 所示。经过保护器的中性线直接作为保护零线接到设备外壳上去。因为各种原因，中性线对地有几 V 甚至十几 V 电压，而设备外壳常处于一种接地状态。在这个电压作用下，有一个电流经过设备外壳和大地流回电源（即漏电电流），当这个电流达到保护器的动作电流时，它就会自动跳闸，造成保护器的误动作。

第二种接线如图 6-3 所示。采用这种接线方式，虽然经过漏电保护器的漏电电流要大大超过额定漏电电流，但是由于这种电子式的保护器的控制、放大回路需要一个辅助工作电源，而这个电源一般采用 220V，从一相和中性线取去。如果中性线没有接到位，保护器就失去辅助工作电源，而不管有多大的漏电电流，也不会动作，这时它只是一个普通的自动空气开关。

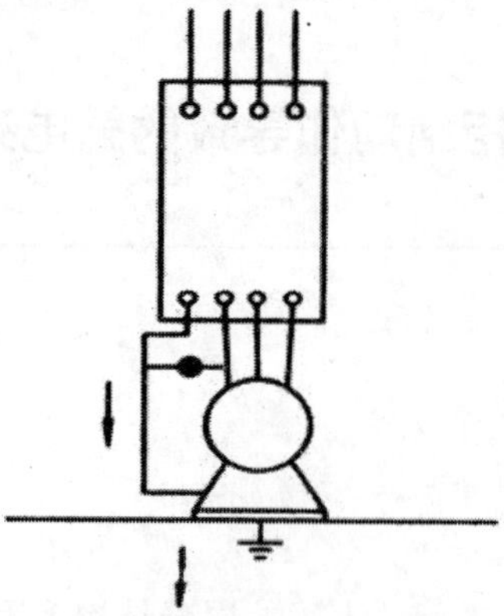

图 6-2

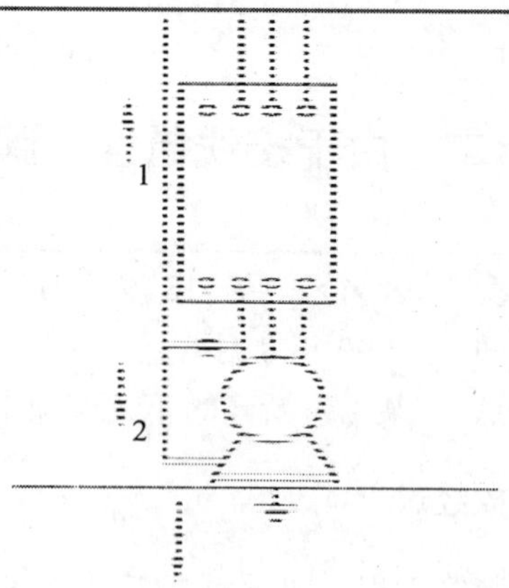

图 6-3

由于电子式漏电保护器需要一个辅助工作电源，而各生产厂家的辅助电源的接法又各不相同，因此在使用时，一定要先看懂说明书；按说明书上的要求去接线（如果说明书上没有接线图或具体说明，坚决不用这种保护器）。特别要注意，三极四线或四极的保护器只接用单相负荷时的情况。

让我们再来看一个案例。

1992 年 8 月 13 日晚上，某建筑工地正在进行混凝土浇灌作业，混凝土用吊塔吊上五楼。

23 时许，两名手扶塔吊料斗的工人突然触电，结果一人死亡，一人受伤。

经检查，是现场照明用碘钨灯的塑料线被烧熔，导线触到塔吊的金属结构上，导致整个塔吊带电。现场照明回路安装一台 DZl5L 型漏电保护器，其额定漏电电流为 30 mA。保护器为什么没起作用呢？现场保护器接线如图 6-4 所示。原来电工在用这台三极四线的保护器控制照明回路时，只凭经验将照明回路接在中性线 N 和相邻的相线上。接好线后，灯亮就万事大吉，没有试验漏电保护器能否动作。结果将保护器的辅助电源接错位置，使保护器拒动作。按照使用说明这台保护器的正确接线如图 6-5 所示。

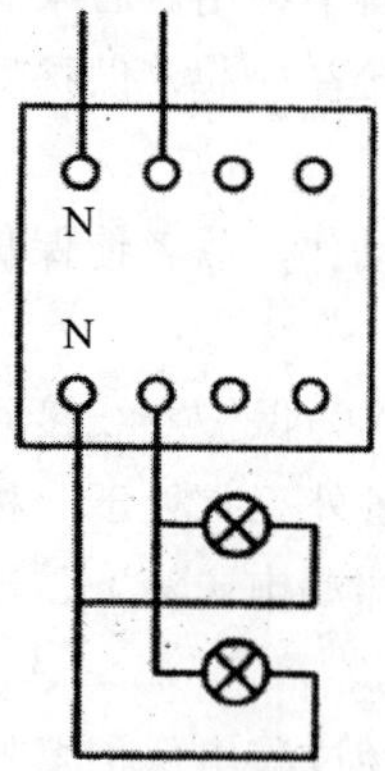

图 6-4

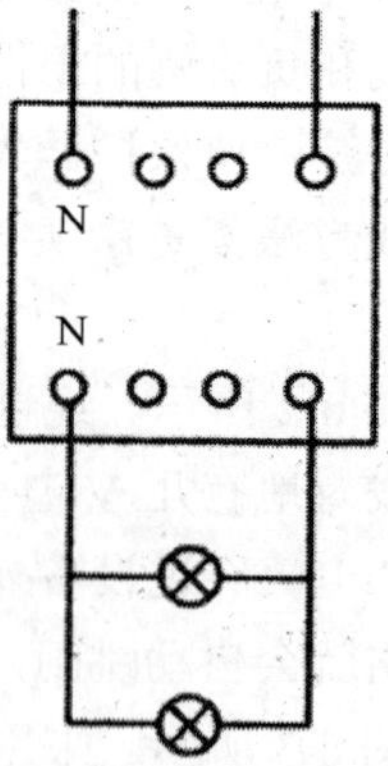

图 6-5

为防止发生类似事故，建议有关部门在修改漏电保护器的制造标准时，应统一电子式漏电保护器的辅助电源如何接线，并在保护器的外观标上电路图，加以说明。

案例二十三　由于没有安装漏电保护器导致触电死亡

死者情况　×××　男　42岁　铲车司机

时　　间　1990年9月7日

地　　点　某运输公司刷车台上

一、事故经过

为迎接车辆安全检查，某运输公司的铲车司机×××开始刷洗铲车。他把车开到刷车台上，手握喷射式消洗机的喷枪，刷洗约20分钟时，周围的工人突然听到他“哎呀”一声喊叫，接着就倒在刷车台上。工人们急忙切断电源，×××已经失去知觉，只能向外呼气，送到医院抢救无效死亡。

二、原因分析

经检查，清洗机的电源线采用橡胶护套软电缆线。从清洗机上的开关到电动机的这一段线，恰好搭在电动机外壳的散热风刺上。清洗机在运行中处于振动状态，振动中电动机散热风刺与护套线接触摩擦。时间一长，将护套线的外层护套和内层的橡胶绝缘层磨漏，使导线触到电动机散热风刺上，导致清洗机金属外壳带电。清洗机的外壳与喷枪间通过带钢丝网的高压水管相连接，使喷枪带电。操作者×××在全身淋湿的情况下触电死亡。

三、事故教训及防范措施

值得提出的是，像清洗机这样的设备是触电危险性大的设备，劳动部规定，使用这样的设备，必须安装漏电保护器，以确保人身安全。这个公司的安全人员曾多次提出要求清洗机安装漏电保护器，可是这个部门却一拖再拖。事故的前一天，公司的电气安全人员送来一台漏电保护器，指令他们安装使用，这个部门的人答应第二天一定安上，结果没有等到安装保护器，就发生了事故。如果及时安装漏电保护器，这起事故是完全可以避免的。

案例二十四　操作角向磨光机触电死亡

死者情况　×××　男　60岁　退休工人

时　　间　1987年8月24日

地　　点　室外露天作业现场

一、事故经过

×××是某街道工厂聘用的退休工人。工厂加工各种金属柜，需用角向磨光机打磨表面。厂里有一台日本进口的角向磨光机（Ⅰ类电动工具），性能好，大家愿意使用。但这台磨光机有时带电，有时又很正常。为防止磨光机触人，有人在使用它时或者戴手套或者用水泥袋纸包住手柄操作。8 月 24 日，老工人×××在使用角向磨光机时惨叫一声，倒下了。

二、原因分析

经检查，这台角向磨光机本身绝缘情况良好。它为什么有时带电呢？问题出在插头上。这台单相Ⅰ类手持电动工具原来采用三芯橡胶护套线和一次浇注的三极圆柱形插头来接电源的。由于厂里没有配套的插座，所以电工将原插头剪去，用一段二芯塑料线将原电源线加长。接头处用电胶布包上，角向磨光机的保护线没有认真处理，也包在电胶布外层。这样将原来的三芯电源线和三极插头变成两芯电源线和两极插头。时间一长，接头处的电胶布磨损，电胶布里面的保护线与一根电源线接触，所以当这根电源线接在电源的相线上时，角向磨光机的外壳带电，反之，这根电源线接在中性线上时，角向磨光机外壳又没有电。当老工人×××站在室外潮湿地面，手持用纸包着的角向磨光机手柄作业时，不慎触电死亡。

三、事故教训及防范措施

这个街道工厂没有电工，所有的电气工作都要临时请人来帮忙。请来的这位“电工”既不负责，又不懂手持式电动工具的安全要求，随意更改原来的接线方式，把原有的保护措施撤掉，接头处又没有认真处理好，导致了事故的发生。更让人不理解的是，在角向磨光机外壳时常带电的情况下，不进行检查，找出原因进行维修，而继续冒险蛮干，反映了这个厂的安全管理和工人的安全意识差到极点。

由于手持式电动工具使用面大，使用场所环境复杂，流动性大，不易管理，出现缺陷时，维修不及时，使用时需手持紧握，所以触电的危险性很大，全国每年死于手持式电动工具上的人较多。为此国家发布了《手持式电动工具的管理、使用、检查和维修安全技术规程》（GB/T 3787—2006），各单位应依据国家标准加强对手持式电动工具和类似电器的管理，建立健全管理制度、安全操作规程，定期对工具进行安全状况检查。

使用手持式电动工具时，必须采取安全措施，主要采用高灵敏度的漏电保护器、隔离变压器等；操作者要采取自我保护措施，戴好绝缘手套。现场使用时，工具的电源线不得随意拆换、加长，工具必须配置合格的插头，禁止用线头与电源连接。

据统计，这类事故绝大多数是发生在Ⅰ类工具上。由于Ⅰ类工具绝缘损坏后，金属外壳带电。为防止这种情况的出现，采用保护线（接地或接零）保护，这样单相Ⅰ类工具电源线是三芯线，插头采用三极插头，有时和使用现场情况不一致，所以常出现将插头去掉，将三芯线变成二芯与电源连接。由于使用者缺乏电气安全常识，错误连接，而导致事故发生。防止类似事故发生，除使用现场应采取配套措施，接线请电工正确接线外，更主要的是应淘汰Ⅰ类手持电动工具，广泛采用Ⅱ类手持电动工具，Ⅱ类手持电动工具采用双重绝缘，电源线是两芯配有两极插头，使安全可靠性大大提高。

案例二十五　用电设施安装不当造成的触电死亡

死者情况　×××　男　23岁　铸造工
时　　间　1992年7月20日
地　　点　某铸造厂水井旁

一、事故经过

某铸造厂的一水井用潜水泵抽水，为潜水泵供电的电源线拖放在地面上，用插头、插座控制水泵。7月20日天刚下过小雨，铸造工×××干完自己的工作后去洗衣服，他来到蓄水池旁一看水不多了，就拿起地上的插头、插座，正在插接电源时触电倒下，死亡。

二、原因分析

天刚下过小雨，地面潮湿，为潜水泵供电的插头、插座也被淋湿，当铸造工×××手拿插座时，插座漏电，使其触电死亡。

三、事故教训及防范措施

1. 水井抽水用潜水泵应该按照固定使用的设备正规地安装、接线，不应将电源线临时拖拉在地面上，更不应用插头、插座插接电源，而应采用与之相匹配的开关控制。

2. 室外安装的设备应在符合安装环境要求，如有防雨、防潮、防尘等措施。

3. 潜水泵属于触电危险性大的设备，使用时应采取可靠的接地或接零保护措施，并应安装使用漏电保护器。

案例二十六　58V电能触死人吗

死者情况　×××　男　43岁　施工员
时　　间　1992年7月20日
地　　点　某建筑施工工地

一、事故经过

1992年7月20日下午，工地的一台两轮手推车（胶轮、金属框架）的前门挡销断了，×××用电焊机进行修理。他将焊件线（俗称“阿斯线”）用铁钩勾挂在车体进行焊接。焊好后，他将焊钳随手交给在现场的一名工人徐某。徐某将焊钳放在电焊机上面。一会儿，当徐某转过身来，发现×××两手握住车把在抽搐，脸部表情难看。徐某以为他是让旁边的钢丝绳绊住，就上前向反方向拖手推车，当手刚接触车架时，感到有电，急忙喊人拉闸停电。停电后，×××倒在地上。送医院后，经抢救无效死亡。

二、原因分析

推车把手上哪里来的电呢？×××焊接时，将“阿斯线”与车体用铁钩连在一起，电是从“阿斯线”传过来的。焊接时，若焊钳端接地，而“阿斯线”端悬浮；则“阿斯线”对地电压值等于电焊机的空载电压。事故当时的情况是：电焊钳放在电焊机的金属壳体上，壳体通过四个铁轱辘和大地直接接触，地面因连日降雨，积水潮湿，相当于将焊钳直接接地，而“阿斯线”与车体连在一起；当×××双手抬起车把时，车体即带电。这台电焊机的空载电压仅为58V，58V电能触死人吗？

三、事故教训及防范措施

触电后能否死亡主要是取决于流过人体的电流大小和时间长短。流过人体电流的大小取决于加在人体上电压的大小和回路阻抗的大小。由于天气连日降雨，地面非常潮湿，×××脚上的鞋已湿透，所以回路的电阻不会超过1 000Ω。因此流过人体的电流为58 mA以上（当通过人体的电流达到50 mA以上，就会引起心室颤动，就会有生命危险），所以在这样大的电流作用下×××无法摆脱，经过稍长一点时间，就会导致死亡。

有一些人轻视低压电的危险性，这个案例应引起他们的重视。

案例中举了两起电焊机触电死亡的例子。在触电事故中电焊机触电死亡大都发生在二次侧的空载电压上，空载电压虽然不高（一般在60～75V之间），但是由于焊接工作常常在潮湿、狭窄的金属容器内或高空作业，焊钳和“阿斯线”裸露的带电部分较多，在作业过程中有可能和人体接触，而人体在这样的环境下进行高温焊接作业，往往被汗水湿透，这些都大大增加了触电的危险性。为防止这类事故应该做到：

①应该随时检查、检修焊接用的设备和工具，使之保持良好的状态。

②在高度危险场所作业时，应安排专人进行监护。

③控制用电源应在工作现场，一旦发生意外情况可以立即切断电源。

④作业时穿戴好防护用品，采用轮流作业的方式。

⑤现场应根据情况采取通风、降温、绝缘措施。

⑥电焊机应该安装自动断电装置。

案例二十七　在起重机干式变压器上发生的触电死亡

死者情况　×××　男　24岁　吊车工

时　　间　1992年7月18时45分

地　　点　某钢厂钢丝分厂热处理工段桥式起重机上

一、事故经过

×××系热处理工段的起重机操作工。这天干二班。上班后，在班长的指挥下将钢丝盘圆吊入炉内进行热处理，然后将吊车开回停车位置休息。到18时45分，班长招呼大家出炉。

×××登上吊车驾驶室。当班长带人走到车间另一端的炉前时，发现吊车没有像往常一样开过来。只见远处×××身体依在驾驶室角上。喊他无反应，班长走到吊车前喊，仍无反应。班长登上吊车，看到×××脸色不对，伸手上去一摸，有电，急忙喊人切断电源。将其送到厂医院抢救，四小时后死亡。

二、原因分析

吊车驾驶室内使用一台 DC-2/0.5 型的干式变压器，为 220V 负荷和 12V 低电压供电，变比为 380/220/12V。驾驶室内照明、桥下灯、电铃和风扇采用 220V 供电。12V 回路无负荷。

220V 和 12V 的共用端子直接接在变压器的金属壳体上，壳体安装在驾驶室木制地板上，与吊车的金属结构绝缘。从变压器接线端子引出的导线到驾驶室配电柜内接线端子处接地（即接吊车结构），照明灯用刀闸开关控制，电铃用脚踏开关控制。由于吊车在运行中振动等原因，在变压器中性线断开（接负荷侧断开，接金属壳体未断）。

当吊车操作工×××登上吊车，合上照明开关，手握凸轮控制器把手，准备启动吊车时，小腿恰好触在干式变压器的金属外壳上。这时 220V 电压一端加在变压器外壳上，另一端加在吊车金属结构上，电流经过变压器一端—照明灯—吊车结构—手—人体—腿—变压器另一端，这样，使×××触电身亡。

三、事故教训及防范措施

①由于采用干式变压器为 220V 和 12V 回路供电，所以要求二次回路的一端接地，防止一次和二次绝缘击穿。但是，这样同时也增加了危险。由于吊车上金属占有系数很大，相当于人体随时接触导线的另一端，这时如果再接触到导线的一端，就会触电，而且是较危险的触电。所以吊车上的变压器应采用安全隔离变压器，为 220V 和安全电压回路供电，二次侧应“悬浮”，这样才能安全。

②这起事故中干式变压器的金属外壳应该直接接地，即直接与金属结构连接，而不是经过导线到配电柜内接地。

③在变压器接线端子处的铜线（硬线）在安装（或维修）时已受损，经过疲劳运行后，终于断开。因不注重这样细小的环节，导致了严重后果。

案例二十八　不切断电源移动设备造成触电一死四伤

死者情况　×××　男　22 岁　油漆工

时　　间　1988 年 8 月 21 日

地　　点　某建筑施工现场

一、事故经过

某建筑工程队进行室内煤气管道的安装工程。煤气安装工程的负责人向暖气管道安装的负责人借用割丝机。借好后，指挥人用铁管抬到安装煤气管道的现场。为割丝机供电的橡胶护套线拖在地上。在搬运过程中，一个工人踩住电源线，电源线受力后，将接在倒顺开关内的一线头拽断，搭在铁壳上，使割丝机带电。用铁管抬机器的五人触电后，被压在铁管下无法摆脱，等到切断电源后，造成1人死亡，4人受伤的结局。

二、原因分析

割丝机的开关虽然停了，但为割丝机供电的开关并没有拉开，所以电源线和割丝机仍带电。负责煤气安装的人不检查设备情况，催促工人赶快抬走，盲目指挥导致事故发生。

三、事故教训及防范措施

类似这样的事故时有发生。如1992年8月3日某盐场6名工人带电移动皮带运输机时触电造成一死五伤；如工厂的工人看到麻雀钻到电焊机底下，就拽拉电焊机捉麻雀触电死亡等。

防止这类事故发生，一是要加强设备管理，设备停用时一定要彻底切断电源，不能只将设备停下来就完事了，一定要将其供电的电源开关切断；二是要加强教育，不要带电移动电气设备；三是要加强对设备的检查维护，保证设备正常完好。

案例二十九　用户返供电触电，高空作业摔跌身亡

死者情况　×××　男　25岁　电工

时　　间　1995年9月29日

地　　点　某县电力局城关供电所对××线62号杆

一、事故经过

某县电力局城关供电所对××线62号杆进行更换电杆工作。在未断开××支线配电变压器高压丝具的情况下，工作班成员杨××未戴安全帽便登上62号杆，上杆后未使用安全带即开始工作。在拆除62号杆上××乡支线时，由于用户私接电源返供电致使杨××触电，并从7.2米高空摔跌至地面死亡。

二、原因分析

①线路停电时未断开××支线高、低压侧电源，也未在支线上挂接地线是造成本起用户返供电引起触电的主要原因。

②杨××安全意识薄弱，严重违反《安规》有关规定，工作现场不戴安全帽，高处作业不系安全带是造成高空摔跌死亡事故的直接原因。

三、事故教训及防范措施

目前，无论在城市还是乡村，无论是机关、学校还是商店，具有自备电源的用户相当普遍。因此由用户自备电源返供电造成的触电事故也越来越多。为此，要从组织管理和技术措施两方面入手，加强对用户自备电源的管理，从源头抓起，以杜绝用户自备电源返供电事故的发生。

同时，在电力生产中要增强员工的自我保护意识，严格执行《安规》中的各项规定，做好停电、验电、挂接地线的安全技术措施，确保安全生产无事故。

预防这类事故的防范措施：

①线路停电作业时，必须断开工作地段内所有返供电电源，其中包括低压返供电电源。

②工作人员必须在接地线的保护范围内作业。

③登杆作业必须使用安全带，戴安全帽。

④加强对用户电源的管理，经常检查用户自备电源防止返供电措施是否安全、有效。

案例三十　私拉乱接造成多人触电伤亡

死者情况　杨××　男　村委会主任

伤者情况　4 人受伤，其中：2 人重伤、2 人轻伤

时　　间　2003 年 6 月 23 日

地　　点　某县××村

一、事故经过

2003 年 6 月 23 日，某县××村杨××（村委会主任）等 4 户村民，以正在使用的低压线路过长，造成电压低为由，准备将该线路改接到另一台配电变压器上用电。

在村主任杨××的安排下，由村上自定电工张××、唐××和另外 2 名村民共 5 人便私自对线路进行改接。大约在 18 时 30 分，不慎将施工中的低压线触及运行中的配电变压器高压桩头，致使正在拉导线的 5 人触电，并倒在导线上。这时，在一旁围观的村主任杨××之子立即将导线挑开，使其脱离电源。脱离电源后经查看 5 人均处于昏迷状态，医生随即进行现场抢救。

事故发生后，该镇领导很快赶到事故现场组织人员急救，其中 4 人先后苏醒，村主任杨××因抢救无效于当晚 20 时左右死亡，从而造成一起一人死亡、两人重伤和两人轻伤的人身触电事故。

该县电力局接到事故报告后，在事故责任尚未界定的情况下，积极协助县、镇两级政府进行深入细致的调查，主动提供法律和政策依据，最终由县安监局作出处理决定，界定为私拉乱接造成的责任事故，并按《安全生产法》有关规定追究当事人和有关人员的责任。

二、原因分析

①根据《农村安全用电规程》中的相关规定，用户用电或临时用电应向当地电力企业申请；不准私拉乱接用电设备，严禁私自改变低压系统运行方式。而该村村民安全用电思想意识薄弱，对电力法律法规知识缺乏，在村主任的带领下私拉乱接，私自改变低压系统接线是造成本次触电伤亡事故的主要原因。

②不具备施工资质，缺乏施工安全知识和施工组织能力，未采取安全措施，盲目蛮干是造成本次触电伤亡事故的直接原因。

三、事故教训及防范措施

在农村电力用户中私拉乱接现象较为严重，由此引发的触电伤害事故时有发生。这些触电伤害事故归纳起来有以下两种形式：一是在私拉乱接过程中，由于缺乏施工知识和安全常识，不注意施工安全，从而造成触电等伤害事故。二是在工程竣工后，由于施工质量差，不符合《农村低压电力技术规程》的规范要求，因而在运行使用过程中发生触电等伤害事故。另外，私自改变低压系统运行方式，还将扰乱正常的供用电秩序，使安全用电管理混乱，造成更多的不安全因素。因此，预防这类事故的防范措施：

①加强对《农村安全用电规程》以及电力法律法规的学习和宣传，提高广大电力用户对安全用电重要性的认识。真正做到安全用电、人人有责。

②大力宣传私拉乱接将会给自己、给他人造成的危害，认真汲取本次事故教训，杜绝私拉乱接现象的发生。

案例三十一　清扫变电所进户线触电死亡

死者情况　×××　男　49 岁　电工

时　　间　1987 年 4 月 13 日

地　　点　某工厂变电所高压室

一、事故经过

4 月 13 日早晨，某工厂变电所所长齐某来到变电所后，听说电业部门明天要来检查评比红旗变电所，齐某决定停电清扫变电所。与生产调度联系后，齐某与值班员×××开始准备工作。齐某开始填写工作票，×××说：“都是老电工了，怎么干都知道，不用开了。”齐某说：“不行，检查时也要查工作票。”×××又说：“那就等干完活再写吧。”这样，没有填写工作票和操作票，两人就开始工作。停完电后，齐某想起没有清扫用具，就和×××打招呼说：“你先干，我去领用具。”当齐某领回用具后，见×××在躺在高压室的地上，脸色发紫，口吐白沫，连忙去喊人，找车，将×××送至医院时已经死亡。

二、原因分析

当齐某走后，×××决定从高压侧开始清扫，就踏着梯子登上了 2.5 m 高的高压柜，准备清扫进户线隔离刀闸负荷侧的绝缘瓷瓶，由于柜上面的设备碍事，×××在上面站立不稳，两手扑倒进户线的 10 kV 两相带电的铝排上，造成相向、相对地均放电。×××触电后，从柜上跌下，倒在地上。

三、事故教训及防范措施

这起事故反映了这个变电所在管理上存在许多漏洞，有章不循。

①变电所的停电清扫应该安排计划，不能临时决定。停电清扫前应作好充分的准备，不

能缺这个少那个，临时现找。

②变电所停电清扫必须严格执行工作票制度和操作票制度。这些制度绝不是应付检查而设的，而是保证安全的有效组织措施。

③变电所的进户线处是事故的多发地点，在这个危险地方工作时，应该严格遵守规程，并加倍小心，×××不应私自去清扫进户线的隔离刀闸。

案例三十二 误登带电设备，造成触电重伤

伤者情况 王×× 男 检修电工

时 间 1991年11月18日

地 点 某供电局变电站

一、事故经过

11月17日14时47分，某供电局保护班工作负责人张××口头申请将某352断路器撤出运行，并将352线隔离开关断路器侧接地刀闸合上。15时5分，变电站按要求将352断路器撤运，做好安全措施后，允许保护班开始工作。随即由变电站运行人员冯××配合保护班张××和王××两人进行更改TA变比的抽头工作。17时20分，抽头变更工作完毕，冯××说剩余的工作明日再干。于是，保护班张、王两人未办理工作终结手续，即行下班。当时运行人员未询问检修人员工作是否结束，便于17时30分将352断路器加入运行，恢复了原来的运行方式。

次日，张、王两人前往变电站继续做昨日剩余的工作（即352极性试验）。到站后，冯××未告知张、王两人352断路器已加入运行，而张、王两人也未询问值班员冯××断路器的状态是否改变，在未办理工作票、未核对设备运行状态、未做任何安全措施的情况下便开始工作。张××在开关柜正面处理二次端子，王××在开关柜背面攀登352断路器。当王从后面攀登开关柜时触电，造成C相通过右手对左手、左下腿及右脚掌放电，从支架1 m多高处掉下，致使王××右手拇指，左、右手背，左小腿和脖子被电弧烧伤。经治疗将食指截指两节，构成触电重伤事故。

二、原因分析

这是一起系列性严重违章造成的人身触电事故。《国家电网公司电力安全工作规程》（以下简称《安规》）（变电站和发电厂电气部分）第3.1条规定，在电气设备上工作，保证安全的组织措施为：①工作票制度；②工作许可制度；③工作监护制度；④工作间断、转移和终结制度。但是在这次工作中均未能认真执行。

①在11月17日工作时未办理工作票，仅由工作负责人口头申请，就将352断路器撤出运行，在将352线隔离开关断路器侧接地刀闸合上后便开始了工作。

②当日17时20分将TA变比抽头更改完毕后，未办理工作间断手续便离开工作现场。

③《安规》（变电站和发电厂电气部分）第3.5.2条规定：“在未办理工作终结手续以前，

任何人员不准将停电设备合闸送电。”但是当日 17 时 30 分运行人员并未询问检修人员工作是否结束，便将该断路器加入运行，恢复了原来的运行方式。

④《安规》（变电站和发电厂电气部分）第 3.5.1 条规定：“……次日复工时，应得到工作许可人的许可，取回工作票，工作负责人应重新认真检查安全措施是否符合工作票的要求，并召开现场站班会后，方可工作。若无工作负责人或专责监护人带领，工作人员不得进入工作地点。”但是第二天开始工作时冯××未向工作人员交代 352 断路器已加入运行的情况，而张、王两人也未考虑 352 断路器的运行状态是否改变，安全措施是否符合要求，便开始了工作。

⑤工作负责人（监护人）未能认真监护。《安规》（变电站和发电厂电气部分）第 3.4.1 条规定：“工作许可手续完成后，工作负责人、专责监护人应向工作班成员交代工作内容、人员分工、带电部位和现场安全措施，进行危险点告知，并履行确认手续，工作班方可开始工作。工作负责人、专责监护人应始终在工作现场，对工作班人员的安全认真监护，及时纠正不安全的行为。”但是在第二天恢复工作时，工作负责人未对工作班成员的工作进行监护，而是在变电站借了一块万用表，携带工具一同走至 352 断路器处各自进行工作。

三、事故教训及防范措施

本起事故充分暴露出在日常工作中违章现象存在的普遍性和严重性。违章之所以屡纠屡犯，屡禁不止，一是没有引起各级领导的高度重视，存在着违章和事故难免论，认为只要有生产就可能有事故；只要有作业，就可能有违章。二是由于上述思想倾向的存在，表现在对发生事故的查处上显得宽、软、松，从而滋长了一些领导和职工的侥幸心理。因此，预防这类事故的防范措施有：

①这次事故暴露出无论是工作负责人还是工作班成员安全思想薄弱，现场劳动纪律松懈，因此要加强职工的安全思想教育及现场劳动纪律教育，以提高安全意识，彻底纠正工作现场纪律松懈的现象。

②加强《安规》学习，严格执行各项规章制度。制别是在电气设备上工作一定要认真执行工作票制度、工作许可制度、工作监护制度和工作间断、转移、终结制度，并做好开工前的安全技术两交底工作。

③大力开展反习惯性违章活动，加大对违章行为的处罚力度，层层落实违章查处责任，杜绝和减少各种违章行为。

“治乱需要重典”，近年来国家加大了对安全事故责任追究的力度，同时也对工作中因渎职、违章、违纪造成重大事故的责任者追究法律责任，从严处理。因此，只有破除事故、违章难免论，坚持以人为本，在加强思想教育的基础上从严查处，才能杜绝违章，减少事故。

案例三十三 民工修缮高压线下违章建起的房顶触电身亡

死者情况 富×× 男 民工

时 间 1994 年 7 月 29 日

地 点 某县张湾村

一、事故经过

某县张湾村村民李××雇民工富××翻修自己家在 110 kV 某线路下违章建起的房屋。屋顶距上方线路导线的垂直距离为 3.5 m。富××在屋顶上用绳子吊沥青等物，在吊物间歇富××手拿带钩的绳索甩着玩弄并将其甩挂在跨越房顶的 110 kV 线路的 A 相导线上，从而引起 110 kV 线路单相弧光接地短路，巨大的火球在富××的身上燃烧，将其当即焚烧死亡。

二、原因分析

在电力线路下违章建筑是造成本次事故的主要原因。《电力设施保护条例》（以下简称《条例》）第二章第 10 条第 1 款规定："导线边线向外侧延伸所形成的两平行线内的区域为架空电力线路的保护区。""110 kV 的保护区为 10 m。"该《条例》第三章第 15 条规定："任何单位或个人在架空电力线路保护区内，不得兴建建筑物。"《电力法》第 69 条又规定："在依法划定为电力设施保护区内修建建筑物、构筑物危及电力设施安全的，由当地人民政府责令强制拆除。"而该村不少村民在该线路下违章建房，电力部门再三阻止未能奏效，曾多次与当地政府联系也未能解决，最终酿成事故。

富××缺乏电的安全知识，在电力线路下方干活，毫无任何安全防护意识。干活期间漫不经心，玩弄手中之物，将吊物用的绳索甩挂在导线上是造成事故的直接原因。

三、事故教训及防范措施

电能伤人，这是无情的事实，我们必须以科学的态度去正视，善意的规劝，科学的解说绝不是危言耸听。要教育公民学科学、懂科学、学法律、懂法律，以提高全体公民的整体素质。要大力宣传《电力法》和《电力设施保护条例》，同时要加强线路巡视，及时发现违章建设倾向的苗头，采取果断措施，将其消灭于萌芽状态。对于在电力线路下已经建起的建筑物、构筑物，则能拆除的尽量拆除，一时不能拆除的，要制定出切实可行的安全措施，这样才能不留隐患，永保平安。

这类事故的防范措施：

①加大对《电力设施保护条例》和《电力法》的宣传力度，广泛宣传在电力设施保护区修建建筑物和构筑物是违法行为以及由此所造成的严重危害性。

②加强对电力线路的巡查，发现违章修建行为及时劝阻。在无力阻止的情况下，尽快与当地政府取得联系，求得支持，以便在未建成前得到清除。

③对已建成的违章建筑，在无法拆除的情况下，采取多种形式，设立鲜明醒目的标语或警告牌等安全保护措施，以防止人们攀登或靠近。

案例三十四　变电站清扫设备不办票，误登带电设备失右臂

伤者情况　李××　女　值班员

时　　间　1990年10月15日

地　　点　某供电局××35 kV变电站

一、事故经过

10月15日11时32分，该局××35 kV变电站值班员李××（女，33岁，四级工）和王××按照站长安排，借35 kV某线路停电的机会，清扫该线路的隔离开关和断路器。当时这条线路的母线隔离开关已拉开，但由于35 kV母线带电，所以母线隔离开关的母线侧仍然带电，不能清扫。由于李、王两人概念不清，在既未办工作票，又未做安全措施的情况下，就去清扫这条线路的母线隔离开关。

他们搬来梯子，由李××上梯清扫，王××扶梯监护。当李××上到梯子约1.5 m处时引起弧光放电，当即李××坠落地面，造成李××的右手臂、左腿下部及右大腿内侧电击伤和电弧烧伤。由于右前臂烧伤严重，被迫截肢。这次事故同时引起××电厂3511断路器过流保护动作跳闸，使该变电站失压53分钟。

二、原因分析

①《安规》（变电站和发电厂电气部分）第3.2.2条规定："高压设备上的工作需要全部停电或部分停电者必须填用第一种工作票"。工作人员在清扫这条线路的隔离开关和断路器时，未按上述规定办理工作票是事故发生的主要原因。

②《安规》（变电站和发电厂电气部分）第2.4.2条规定："在高压设备上工作，应至少由两人进行，并完成保证安全的组织措施和技术措施。"工作人员在工作开始前未悬挂提醒工作人员注意安全的标志牌等安全措施，也是事故发生的主要原因。

③值班人员业务素质差，对该线路断路器及母线隔离开关拉开后母线隔离开关的母线侧仍然带电一事，心中模糊、概念不清是事故发生的直接原因。

④站长安排工作粗枝大叶，未能详细向工作人员说明安全注意事项，特别是没有指明设备的带电状况，未能进行安全、技术两交底也是事故发生的原因之一。

三、事故教训及防范措施

在实际工作中，清扫设备时的安全问题往往被人们所忽视，因此在这方面发生的事故不少，所以一定要加强清扫设备工作中的安全工作。至于为什么不允许当班值班员参加设备清扫工作，我们要联系实际，悟出其中的道理，才能够在具体工作中认真执行，否则就难以引起大家的高度重视。预防这类事故的措施是：

①领导在布置工作任务时一定要同时布置安全工作及注意事项。要交代清楚工作场所的带电设备及其带电部位，搞好安全、技术两交底工作。

②加强业务技术培训，不断提高工作人员的技术素质。要使每个人员明确：隔离开关拉开

后，若隔离开关的一侧带电，则该隔离开关应视为带电设备，并做好相应的安全措施，要悬挂提醒注意安全的标志牌，不许在该隔离开关上进行清扫或其他工作。

③如果不是变电站全部停电时，不允许当值值班员参加清扫设备的工作。

④加强职工的安全思想教育，认真组织职工学习安全简报及事故快报，吸取经验和教训，要结合实际，学以致用，制定具体的措施和办法。

案例三十五　未做停电措施登杆作业触电受重伤

伤者情况　　郭××　男　农电工

时　　间　　1991 年 10 月 12 日

地　　点　　某县电力局××供电所

一、事故经过

该县电力局××供电所在 10 kV 坡头线路一支线停电检修清扫绝缘子工作中，工作负责人曹××提前发了分工单，并宣布到坡头线路 46 号杆下集中。然而，在对线路未进行停电的情况下，农电工郭××误认为已经停了电，便骑摩托车直接到分配给自己的工作地点——该支线 8 号杆处去工作。当登上电杆后即触电坠落，造成右手小拇指和右脚大拇趾被电弧烧伤。

二、原因分析

①工作负责人安排工作不认真，不明确，工地混乱，组织工作不严密是造成本起未做停电措施便登杆作业，从而造成触电重伤事故的主要原因。

②《安规》（电力线路部分）第 1.3.2 条在作业人员的基本条件中规定，作业人员应具备必要的电气知识和业务技能，且按工作性质，熟悉本规程的相关部分，并经考试合格。该规程第 1.4.1 条也规定，各类作业人员应接受相应的安全生产教育和岗位技能培训，经考试合格上岗。因此，工作班擅自使用未经培训、考核、批准的农村电工担任工作班成员也是造成本起触电重伤事故的主要原因。

③在本次作业中农村电工郭××安全意识薄弱，精力不集中，未能认真听取工作负责人对工作的安排，因而误认为检修支线已经停了电，是造成本起触电重伤事故的直接原因。

三、事故教训及防范措施

提高工作负责人的工作组织能力是提高工作班整体安全水平的关键，只有这样才能组织和协调好工作班的工作，以保证工作班在各项生产经营活动中安全无事故。本次工作，如果工作负责人能够认真组织，精心安排，那么便可以避免触电事故的发生。因此，要充分认识工作负责人在工作班中的重要地位，重视对工作负责人的工作责任心教育和工作组织能力的培养。

①工作班成员在未得到许可开始工作的命令前，不得进入工作现场。

②要严格执行临时工管理制度，凡使用临时工都必须经过培训、考核和批准。

案例三十六　报警安全帽避免了一场悲剧发生

1998年5月24日，某县电力局在城网改造施工中由于作业人员佩戴了报警安全帽，从而避免了一起人身触电事故的发生。

一、事故经过

1998年5月24日，该县电力局进行10 kV城区公网改造。为了尽量减少对用户停电，他们决定采用断开工作线路引流线的方法进行作业。这样，既不影响对该线路引流线断开点之前的用户供电，又能对该线路引流线断开点之后的线路继续进行改造施工。

当天变电站值班人员按照工作票所列要求，将该线路撤出运行，做好安全措施后允许了工作班的工作。于是线路施工人员在工作地段两端各挂了一组接地线，并登上电杆拆除了引流线。将引流线拆开后工作人员随即又拆除了该引流线电源侧短路接地线，并向变电站值班员履行了工作终结手续。办理了工作终结手续后，变电站值班员恢复了该线路引流线断开点之前的线路供电。

开始工作后，工作班成员×××戴好报警安全帽，并登上电杆准备工作。当头部快触及导线时，安全帽上报警器报警，使其引起警觉，停止了作业，从而避免了一场人身触电悲剧的发生。

后用验电器分别对该线路三相导线验电，证明线路B相确实带电。经进一步检查发现，该线路B相引流线未断开。原来线路工作人员在拆引流线时，由于粗心大意，杆下监护人又未能认真监护，只断开了A相和C相，而B相引流线根本未断开。

二、原因分析

①《安规》（电力线路部分）第3.2.1.2条规定："断开需要工作班操作的线路各端（含分支）断路器（开关）、隔离开关（刀闸）和熔断器（保险）。"我们知道，工作班要求拆除线路该杆塔上的三相引流线，就相当于断开该杆塔上的断路器或跌落式熔断器。然而，杆上的操作人员却疏忽大意，忘记了将B相引流线断开，是造成该线路恢复送电后，引流线断开点之后线路带电的直接原因。

②《安规》（电力线路部分）第5.3.5.4条规定："登杆塔和在杆塔上工作时，每基杆塔都应设专人监护。"该规程第2.5.1条也规定："工作许可手续完成后，工作负责人、专责监护人应向工作班成员交代工作内容、人员分工、带电部位和现场安全措施，进行危险点告知，并履行确认手续，工作班方可开始工作。工作负责人、专责监护人应始终在工作现场，对工作班人员的安全进行认真监护，及时纠正不安全的行为。"然而，杆下设立的专责监护人未能认真监护，未能起到监护作用，从而使B相引流线未断开这样重大的问题未能及时发现和纠正。这也是造成引流线断开点之后线路再次带电的重要原因之一。

③《安规》（变电站和发电厂电气部分）第2.3.6.2条规定："操作过程中应按操作票填写的顺序逐项操作。每操作完一步，应检查无误后做一个'√'记号，全部操作完毕后进复查。"该规程第2.3.6.5条又规定："电气设备操作后的位置检查应以设备实际位置为准，无法看到实际位置时，可通过设备机械位置指示、电气指示、带电显示装置、仪表及各种遥测、遥信等信

号的变化来判断。判断时，应有两个及以上指示，且所有指示均已同时发生对应变化，才能确认该设备已操作到位。”

上述这两条规定都是要求操作人员仔细、认真地对待操作过程中的每一环节，以求达到操作的正确性和准确性。如果变电站值班员能够在该线路恢复送电操作完毕后，认真进行复查，观察电流、电压等表计指示，便会立即发现绝缘电压一相降低、两相升高的现象，从而可以迅速判断出该线路有单相直接接地故障，并通知线路施工人员注意。然而，由于变电站值班员的疏忽大意，却未能发现如此明显的表计特征。

三、事故教训及防范措施

报警安全帽是一种具有双重功效的安全帽。它既能起到一般安全帽的作用，又能起到预防触电的作用。当作业人员接近带电体达到一定距离的时候安全帽上的报警装置便会发出报警信号，以提醒工作人员设备有电，注意安全。多年来，报警安全帽、报警手表等安全用品在电力生产中得到了很好的使用，希望有条件的单位和部门能大力推广使用。在本起触电未遂事故中由于管理混乱，操作人和监护人粗心大意，未能将B相引流线断开，若不是工作班成员戴着合格的报警安全帽。那么，一场意想不到的人身触电事故将会不可避免地发生。预防这类事故的措施是：

①用“严、细、实”的工作作风严把停电操作关。在操作中一定要胆大心细，操作到位，操作一项，检查一项，操作完后，全面复查，确保不漏设备、不漏项。

②要提高职工的安全责任心，认真执行工作监护制度。在工作监护中，监护人必须明确自己的监护任务和监护范围，绝不能干与监护无关的事。要精力集中地认真监护被监护人严格执行安全工作规程和现场安全措施，及时纠正其不安全的行为，真正起到监护人的监护作用。

③变电运行人员除了提高工作责任心外，要进一步加强业务技术学习，提高业务技能，不断积累变电运行经验，养成善于观察和分析问题的良好习惯，根据仪器、仪表的变化情况，随时发现设备运行中的各种故障，以提高解决实际问题的能力。

案例三十七　误登带电杆塔，手拉高压丝具触电坠落

伤者情况　刘××　男　电工

时　　间　2002年7月22日

地　　点　某县电力局

一、事故经过

22日8时，县局接到10 kV该专线停电的报告。接到报告后，局立即组织施工一队和施工二队共7名职工前往抢修。

到达现场后经检查，需要更换××支线的绝缘子。处理线路故障的工作地段为该支线的050～070号杆。于是他们首先派工作人员摘掉该支线049号杆上的分路丝具，并验电后分别在050号杆小号侧和070号杆大号侧各挂地线一组。

至下午 5 时，线路故障处理完毕，准备恢复送电。由于线路负荷较大，他们决定先拉开部分配电变压器负荷，待合上该支线 049 号杆分路丝具后，再将所拉开的配电变压器负荷逐台送出。

前几台配电变压器都顺利地拉开了，然而当拉第 5 台时，由于工作人员刘××错误地登上 049 号杆，并用手去拉 049 号杆丝具上桩头上 T 接的 128 号配电变压器丝具时被电击伤。击伤后，从杆上坠落地面。

二、原因分析

①不能认真执行工作票制度，无票工作。《安规》（电力线路部分）第 2.3.5 条规定：“事故应急抢修可不用工作票。但应使用事故应急抢修单。”在本次事故应急抢修中，由于未办理事故应急抢修单，加之无明确的工作负责人，致使抢修现场管理混乱，是造成本次事故的主要原因。

②在抢修工作中设备运行管理人员未到位，仅安排施工一队和施工二队人员前往抢修有失恰当。因此，让非设备运行管理人员操作运行设备，也是造成本起事故发生的主要原因之一。

③安全管理不到位，盲目工作，无人监护。《安规》（电力线路部分）第 2.5.1 条规定：“完成工作许可手续后，工作负责人、专责监护人应向工作班成员交代工作内容、人员分工、带电部位和现场安全措施，进行危险点告知，并履行确认手续，工作班方可开始工作。负责人、专责监护人应始终在工作现场，对工作班人员的安全进行认真监护，及时纠正不安全的行为。”然而，在整个抢修工作中组织混乱，人员分工不明确，致使安全管理不到位，盲目工作，无人监护也是造成本起事故发生的重要原因。

④《安规》（电力线路部分）第 4.1.3 条规定：“事故巡线应始终认为线路带电。即使明知该线路已停电，亦应认为线路随时有恢复送电的可能。”其 4.2.5 条规定：“没有机械传动的断路器（开关）、隔离开关（刀闸）和跌落式熔断器（保险），应使用合格的绝缘棒进行操作。”其 4.2.6 条也规定：“更换配电变压器跌落式熔断器（保险）熔丝（保险丝）的工作，应先将低压刀闸和高压隔离开关（刀闸）或跌落式熔断器（保险）拉开。摘挂跌落式熔断器（保险）的熔管时，应使用绝缘棒，并应有专人监护。”然而，刘××由于安全思想淡薄，毫无自我防范和自我保护意识，严重违反上述规定，糊里糊涂地超出工作范围工作，更在无人监护下用手去拉高压丝具，是造成人身触电事故的直接原因。

三、事故教训及防范措施

本起事故的直接原因是用手拉配电变压器高压熔断器所造成的。分析为何要用手拉高压丝具的心理因素大致有两种可能。一种是误以为该配电变压器是在停电的范围内，已经停了电，故而用手去拉停了电的丝具不会有什么危险。另一种是喜欢逞能，自以为没有什么了不起，你说不能我偏能。但是，无论是哪一种心理因素，都是严重的违章行为心理，是与我们的安全工作格格不入的。这说明我们的员工在安全生产工作中缺乏最起码的自我安全保护意识。因此，我们一定要加强员工的安全意识和安全责任心教育，使其真正树立起安全第一的思想。

发生本起事故的另一重要原因就是疏于安全管理。因此，在具体工作中一定要加强对安全工作的组织管理。在安排工作时一定要详细，不可有疏漏。一丁点的疏忽，都可能引发事故。安全工作是一个系统工程，只有加强全方位、全过程的精心组织、严密管理，才能远离事故，永保安全。预防这类事故的措施是：

①在电力生产中要加强对安全生产的组织管理工作。尤其是多班组在一起工作时，更要有严密细致的组织管理。要明确分工，明确领导、明确任务、明确责任。

②要结合实际加强安全思想教育，克服工作中的随意性。要进一步加大反习惯性违章的力度，严格执行工作票制度和工作监护制度，加强现场劳动纪律，提高每个工作班成员的自我保护意识，做到不伤害自己，不伤害他人，不被他人所伤害。

③按照“四不放过”的原则，对事故责任人严肃处理，并举一反三，扩大教育面，以杜绝同类事故再次发生。

案例三十八 停电线路意外带电，多亏验电幸免触电

这是一起典型的停电检修线路意外带电事故，由于工作人员作业前认真进行了验电，才避免了一起高处触电事故的发生。

一、事故经过

2004 年 10 月 9 日，某县电力局一供电所根据该局生技科安排，准备更换 10 kV Ⅱ号线路甲支线 14 号终端杆。

当日下午 14 时，工作负责人杨××带领 3 名工作班成员，依照工作票要求，按程序开始了工作。他们首先进行停电，拉开了Ⅱ号线路 28 号杆丝具（该丝具在甲支线 T 接点前），并摘下三相丝具芯子，使甲支线停了电。接着他们又在甲支线 12 号杆处挂接地线一组（计划更换 14 号杆）。

安全措施做好后，工作班成员赵××在王××的监护下登上 14 号终端杆准备作业。赵××上杆后首先对三相导线逐一验电。然而，当验到 C 相时，突然发现 C 相有电，于是随即告所长并停止了工作。

所长立即组织人员对全线路进行检查，结果发现，在他们拉开Ⅱ号线路 28 号杆丝具之后不久，有一施工运输车辆碰撞了Ⅱ号线路 42 号杆的拉线，致使该线路中相导线上弹，与跨越Ⅱ号线路的用户专用线路接触，从而使停电线路再次带电。由于工作人员认真执行了保证安全的技术措施，才防止了一起人身触电事故的发生。

二、原因分析

1. 《安规》（电力线路部分）第 5.2.1 条规定：“停电检修的线路如与另一回带电线路相交叉或接近，以致工作时人员和器具可能和另一回导线接触或接近至表 5-2 安全距离以内时，则另一回线路也应停电并予以接地。如临近或交叉的线路不能停电时，应遵守 5.2.2—5.2.4 条的规定。工作中应采取防止损伤另一回线的措施。”因此，工作班在更换该支线终端杆的工作中对交叉跨越的用户专线和交叉跨越地段均未采取安全可靠的措施，是导致本起触电未遂事故的主要原因。

2. 外单位施工运输车辆碰撞Ⅱ号线路 42 号杆拉线，引起该线路中相导线上弹，与跨越该

线路的用户专用线路接触而带电是造成本起触电未遂事故的直接原因。

三、事故教训及防范措施

在本起高处触电未遂事故中，若不是工作人员能够严格执行保证安全的技术措施，坚持操作前对停电线路三相导线认真验电，那么在高空作业中势必发生人身触电，其后果的严重性是可想而知的。电力安全工作规程是电力生产中经验和教训的高度总结，有句安全生产警句这样写道："条条安规血写成，人人生产必执行"，实践证明的确如此。因此，在电力生产中我们只有严格执行《安规》中的各项规定，才能避免各类故事的发生。

①开工前要对作业现场进行实地勘察，要进行危险点预控分析，并制定完善可靠的安全组织措施和安全技术措施。同时在施工或作业的全过程中要注意周围环境的变化，以防止意外情况的发生，消除一切不安全因素。

②要严格执行保证安全的各项技术措施，特别是在设备和线路上工作，一定要先验电、挂接地线，然后再进行工作。

案例三十九　拉线绑扎不牢，造成电杆折断人员伤亡

死者情况　高××　男　　电工（季节工）

伤者情况　双×（轻伤）　男　电工（季节工）

时　　间　2003年3月17日

地　　点　某10千伏线路改造施工工地

一、事故经过

3月17日，该县电力客户服务公司线路施工队，进行10 kV 126馈路72—90号杆更换导线和78号杆的改造工程。

当日，工作负责人柳××办理完工作票后，施工队队长续××（工作票签发人）便派工作负责人回公司领取钢绞线。自己便和工作班成员在驻地制作当日所需的拉线。当拉线制作好后，于9时进入工作现场开始工作。

大约15时30分，季节工高××（男，37岁）、双×和胡××3人及部分民工来到78号杆（转角耐张杆）处，开始了对78号杆的紧线工作。胡××和民工在地面，由高××和双×两人登杆作业。他们紧完两边相后，在紧中相的过程中感到电杆有摆动，高××就让地面人员查看拉线情况。负责地面工作的季节工胡××查看了拉杆及UT型线夹部分后，说无异常。于是他们又开始紧线，当中相线紧到位后，正准备剪去余线时，78号杆突然折断，电杆向小号侧方向倒下，在杆上作业的高××和双×随杆落地，并将高××压在杆下。现场人员立即抢救，并迅速送往县医院，经抢救无效死亡。双×软组织损伤（轻伤），构成一死一伤的电力生产事故。

二、原因分析

①人员责任心差，技术素质低，不能按施工技术规范要求施工。GB 50173—1992《35 kV

及以下架空线路施工及验收技术规范》明确规定 35 mm^2 拉线缠绕长度不得小于 250 mm，要求绑扎整齐、紧密，然而此拉线仅缠绕 113 mm，且不够紧密、整齐，从而导致拉线抽脱，是造成倒杆事故的主要原因。

②地面工作人员工作不认真。当杆上作业人员发现杆子有摆动时，要求地面人员检查拉线情况，但是地面人员检查拉线不细致、不到位，未能发现拉线制作不符合技术规范要求，是造成事故的又一主要原因。

③电杆失去拉线拉力后，在导线张力的作用下，将电杆从距地面 270 mm 处折断，是造成事故的直接原因。

④工作票流于形式，两交底不清，责任分工不明确，施工组织管理混乱。施工队长是工作票签发人，却指派工作负责人回公司领料，自己成为工作负责人，事故发生后工作负责人才返回工地，致使现场无人监护也是事故发生的原因之一。

三、事故教训及防范措施

要搞好电力施工中的安全工作，牵扯到方方面面的因素。因为安全工作是一个系统工程，各方面都要有详细的安全组织措施和技术措施，每道工序的工作质量都要搞好。否则，某一细小环节出问题，都可能酿成事故，造成不可弥补的损失。本起事故，在施工中如果对拉线绝缘子两端的绑扎能够按照《35 kV 及以下架空线路施工及验收技术规范》中的规定进行，就可以避免这起事故的发生。在紧线前。如果对绝缘子上下端绑扎问题能及时发现、及时更换，或者在杆上人员发现电杆摆动，要求地面人员检查时地面人员能够认真仔细地进行检查，那么，可能会使这起事故成为未遂。所以，预防此类事故的措施是：

①工作中要认真执行工作票制度，不准随意增加或改变工作任务。工作票签发人不得兼任工作负责人，工作负责人不得离开工作现场，如果确实需要离开工作现场时，必须按照《安规》中有关工作票制度的规定，进行工作负责人变更后，才能离开。

②加强职工的组织管理，认真进行安全技术两交底工作，做到分工明确，责任落实，并履行好工作班成员的确认手续，不可代签。

③加强职工的业务技能学习和训练，严格按照工程施工的技术规范进行施工和验收，严把质量关。

案例四十　110kV 变电站发生带负荷拉隔离开关事故

1994 年 6 月 29 日，某供电局××110 kV 变电站发生了一起带负荷拉隔离开关事故。

一、事故经过

6 月 29 日 11 时 55 分，该 110 kV 变电站值班员张××接到地调令“2 号主变压器由备用撤出运行”操作此令，本应拉开 102 母线隔离开关即可。但由于当时值班员张××和副值班员雷××走错间隔，误将 1 号主变压器 101 隔离开关拉开，从而造成带负荷拉隔离开关的恶性误操作事故。致使 1 号主变压器三侧断路器跳闸，该变电站全站失压。于 12 时 3 分 1 号主变压器投入运行，恢复正常供电，所幸未造成人身伤害和设备损坏。

二、原因分析

①违反《安规》（变电站和发电厂电气部分）第 2.3.6.2 条“操作前应核对设备名称、编号和位置”的规定，是造成本起误操作事故的直接原因。张、雷两人填写好操作票后在操作设备前未核对设备名称、编号及位置，以致走错间隔未能发现，因此误将 1 号主变压器 101 母线隔离开关当作 2 号主变压器 102 母线隔离开关拉开，才造成了带负荷拉隔离开关的恶性误操作事故。

②《安规》（变电站和发电厂电气部分）第 2.3.3.1 条规定：“监护操作时，其中一人对设备较为熟悉者作监护。”但是张××身为正值班员，由于安全意识薄弱，工作责任心不强，未能认真执行工作监护制度，真正起到监护人的作用，是造成本起事故的主要原因。

三、事故教训及防范措施

但凡发生误操作事故，都是由于未能认真执行操作票制度。其最关键的问题有三：一是操作票填好后，在开始操作前不进行核对性模拟预演；二是操作前不首先核对被操作设备的名称、编号和位置，看是否与所要操作的设备相一致；三是在操作中，不认真执行监护复诵制度，监护人未能起到监护作用。因此，要消灭误操作事故，必须克服图省事、怕麻烦以及心存侥幸的心理，严格执行倒闸操作制度。同时，在日常倒闸操作工作中，要大力开展反习惯性违章活动，从而杜绝各种违反倒闸操作制度的行为，以减少误操作事故的发生。因此，预防此类事故的措施是：

①加强对《安规》的学习，认真执行倒闸操作有关规定。在开始操作前一定要对照模拟盘进行模拟预演，到达操作地点后首先要核对设备名称、编号和位置，然后再进行操作，防止走错间隔而造成误操作事故。

②加强安全思想教育，增强工作人员的工作责任心，认真执行工作监护制度。

③检查防误操作技术措施的落实情况，加强对防误闭锁装置的管理。

④反习惯性违章活动不能只停留在口头上，一定要层层落实各级人员违章查处责任，特别是要加强对班站一级的安全责任的落实，加大违章查处力度，杜绝各种违章现象的发生。

案例四十一　老鼠爬上母线造成变电站全站失压

一、事故经过

1993 年 9 月 22 日 20 时 40 分，某县电力局 35 kV××变电站因老鼠爬上 10 kV 母线，造成母线 A、B 两相接地短路，致使 A、B 两相 10 kV 母线支持绝缘子被击穿，主变压器保护动作，351 断路器跳闸，变电站全站失压。经处理于 23 时 10 分恢复供电，停电 2.5 小时。

二、事故原因

变电站无防止鼠害措施是造成断路器跳闸、全站失压的主要原因和直接原因。其具体表现在：

①10 kV 高压室电缆沟孔洞未封堵；

②10 kV 高压室门窗无防小动物措施；

③变电站未按规定放置鼠药。

三、事故教训及防范措施

鼠害在县级供电企业所辖的变电站多有发生，因为这些变电站多数都是简易变电站，其容量小、设施简陋，且地处偏远，距离农田较近，老鼠较多。所以，加强这些变电站的防鼠工作尤为重要。要采取各种措施消灭老鼠，防止老鼠进入变电站的主控室、高压室、控制箱和电缆沟，以防鼠害发生。其防范措施为：

①检查和封堵变电站主控室、高压开关室、电缆沟、端子箱等处所有孔洞。

②对主控室、高压开关室门窗采取防鼠措施，如加装挡鼠板、网等。

③在变电站内投放灭鼠药物，并建立定期投放和检查制度，对鼠药实行定期、定量、定置管理。

④严禁在变电站院内种植粮食和油料等农作物。

参考文献

[1] 杨有启，钮英建．电气安全工程．北京：首都经济贸易大学出版社，2000.
[2] 崔政斌，石跃武．用电安全技术．北京：化学工业出版社，2009.
[3] 住房和城乡建设部工程质量安全监管司．特种作业安全生产基础知识．北京：中国建筑工业出版社，2009.
[4] 国家电网公司．国家电网公司电力安全工作规程（变电部分及电力线路部分）．北京：中国电力出版社，2009.
[5] 国家安全生产监督管理总局职业安全技术培训中心．电工作业．北京：中国三峡出版社，2005.
[6] 王显竣，王世杰．供电企业生产事故案例分析．北京：中国电力出版社，2008.